Korean Cooking

NCS 자격검정을 위한

한식조리

밥·죽

한혜영·김경은·김옥란·박영미·송경숙
신은채·양동휘·이보순·정외숙·정주희

국가직무능력표준(NCS : National Competency Standards)은 산업현장의 직무를 성공적으로 수행하기 위해 필요한 능력을 국가적 차원에서 표준화시킨 것이다. 이는 교육훈련기관의 교육훈련 과정, 교재 개발 등에 활용되어 산업 수요 맞춤형 인력 양성에 기여함은 물론 근로자를 대상으로 채용, 배치, 승진 등의 체크리스트와 자가진단도구로 활용할 수 있다.

머리말

과학기술의 발달은 사회 변동을 촉진하고 그 결과 사회는 점점 빠르게 변화되고 있다. 사회가 발달하고 경제상황이 좋아짐에 따라 식생활문화는 풍요로워졌고, 음식문화에 대한 인식변화를 가져오게 되었다.

음식은 단순한 영양섭취 목적보다는 건강을 지키고, 오감을 만족시켜 행복지수를 높이며, 음식커뮤니케이션의 기능과 함께 오락기능을 더하고 있는 실정이다.

이에 전문 조리사는 다양한 직업으로 분업화 · 세분화되어 활동하게 되는데, 그 인기도는 조리 전문 방송 프로그램이 많아진 것을 보면 쉽게 알 수 있다.

현재 우리나라는 국가직무능력표준(NCS: national competency standards)을 개발하여 산업현장에서 직무를 수행하기 위해 요구되는 지식, 기술, 소양 등의 내용을 국가가 산업부문별 · 수준별로 체계화하고, 산업현장의 직무를 성공적으로 수행하기 위해 필요한 능력(지식, 기술, 태도)을 국가적 차원에서 표준화하고 있다. 이 책은 조리의 기초적인 부분부터 조리사가 알아야 하는 전반적인 내용을 총 14권에 담고 있어 산업현장에 적합한 인적자원 양성에 도움이 되는 전문서가 될 것으로 생각하며, 조리능력 향상에 길잡이가 될 것으로 믿는다.

조리학문 발전을 위해 노력하신 많은 선배님들께 감사드리며, 김연수 선생님과 제자 장혜령, 김진우, 권승아, 이예은, 배아름, 최호정, 김은빈 그리고 나의 사랑하는 딸 이가은에게 감사한 마음을 전한다. 또한 늘 배려를 아끼지 않으시는 백산출판사 사장님 이하 직원분들께 머리 숙여 깊은 감사를 드린다.

조리인이여~

넓은 세상을 보고 많은 꿈을 꾸며, 희망을 가지고 남다른 노력을 한다면, 소망과 꿈은 이루어지리라.

대표저자 한혜영

차례

조리기능사 실기 품목

한식 밥·죽조리

NCS-학습모듈의 위치

대분류	음식서비스
중분류	식음료조리 · 서비스
소분류	음식조리

세분류

세분류	능력단위	학습모듈명
한식조리	한식 조리실무	한식 조리실무
양식조리	**한식 밥 · 죽조리**	**한식 밥 · 죽조리**
중식조리	한식 면류조리	한식 면류조리
일식 · 복어조리	한식 국 · 탕조리	한식 국 · 탕조리
	한식 찌개 · 전골조리	한식 찌개 · 전골조리
	한식 찜 · 선조리	한식 찜 · 선조리
	한식 조림 · 초 · 볶음조리	한식 조림 · 초 · 볶음조리
	한식 전 · 적 · 튀김조리	한식 전 · 적 · 튀김조리
	한식 구이조리	한식 구이조리
	한식 생채 · 숙채 · 회조리	한식 생채 · 숙채 · 회조리
	김치조리	김치조리
	음청류조리	음청류조리
	한과조리	한과조리
	장아찌조리	장아찌조리

● **분류번호** : 1301010102_14v2

● **능력단위 명칭** : 한식 밥 · 죽조리

● **능력단위 정의** : 한식 밥 · 죽조리는 쌀을 주재료로 하는 쌀밥과 다른 곡류나 견과류, 채소류, 어패류 등을 섞어 물을 붓고 불에 강약을 조절하여 호화되게 하는 능력이다.

능력단위요소	수행준거
1301010102_14v2.1 밥 · 죽 재료 준비하기	1.1 쌀과 잡곡의 비율을 필요량에 맞게 계량할 수 있다. 1.2 쌀과 잡곡을 씻고 용도에 맞게 불리기를 할 수 있다. 1.3 조리방법에 따라 쌀 등 재료를 갈거나 분쇄할 수 있다. 1.4 부재료는 조리방법에 맞게 손질할 수 있다. 1.5 돌솥, 압력솥 등 사용할 도구를 선택하고 준비할 수 있다.
	【지 식】 • 곡류의 종류와 특성 • 도구의 종류와 용도 • 밥 · 죽 종류 • 재료의 전처리 • 전분의 호화상태 판별 • 재료 선별법 【기 술】 • 곡류의 종류에 따른 수침시간 조절능력 • 재료 보관능력 • 재료 전처리능력 • 쌀 등의 잡곡 선별능력 【태 도】 • 바른 작업태도 • 반복훈련태도 • 안전사항준수태도 • 위생관리태도 • 재료 점검태도
1301010102_14v2.2 밥 · 죽 조리하기	2.1 밥과 죽의 종류와 형태에 따라 조리시간과 방법을 조절할 수 있다. 2.2 조리도구, 조리법과 쌀, 잡곡의 재료특성에 따라 물의 양을 가감할 수 있다. 2.3 조리도구와 조리법에 맞도록 화력조절, 가열시간 조절, 뜸들이기를 할 수 있다.

능력단위요소	수행준거
1301010102_14v2.2 밥 · 죽 조리하기	**【지 식】** • 끓이는 시간과 불의 조절 • 밥 · 죽조리기물 특성 • 밥 · 죽의 종류에 따른 조리방법 • 전분의 호화특성에 따른 물의 비율 **【기 술】** • 부재료를 첨가하여 볶는 기술 • 불의 조절능력 • 재료의 특성과 상태에 따른 조절능력 • 저장 · 보관 · 자르기 능력 • 재료의 특성에 따라 갈거나 썰기 능력 **【태 도】** • 바른 작업태도 • 반복훈련태도 • 위생관리태도 • 조리도구 정리태도 • 조리도구 청결관리태도 • 기구 안전관리태도
1301010102_14v2.3 밥 · 죽 담아 완성하기	3.1 조리종류에 따라 그릇을 선택할 수 있다. 3.2 밥 · 죽을 따뜻하게 담아낼 수 있다. 3.3 조리종류에 따라 나물 등 부재료를 얹거나 고명을 올려낼 수 있다.
	【지 식】 • 고명의 종류 • 양념장의 종류 • 조리종류에 따른 그릇 선택 **【기 술】** • 그릇과 조화를 고려하여 담는 능력 • 부재료와 고명을 얹어내는 능력 • 조리에 맞는 그릇 선택 능력 **【태 도】** • 관찰태도 • 바른 작업태도 • 안전관리태도 • 위생관리태도 • 반복훈련태도

⊙ 적용범위 및 작업상황

고려사항

- 밥 · 죽조리 능력단위에는 다음 범위가 포함된다.
  - 밥류 : 흰밥, 오곡밥, 영양잡곡밥, 콩나물밥, 비빔밥, 김치밥, 곤드레밥 등
  - 죽류 : 장국죽, 호박죽, 전복죽, 녹두죽, 팥죽, 잣죽, 흑임자죽 등
- 밥조리하기 : 콩나물밥, 곤드레밥 등은 부재료를 첨가하여 밥을 짓고, 비빔밥은 부재료를 조리법대로 무치거나 볶아서 밥 위에 색을 맞춰 담는다.
- 밥의 종류에 따라 간장 혹은 고추장 양념장을 곁들인다.
- 죽조리하기 : 부재료를 볶거나 첨가하여 죽을 끓일 수 있다.
- 호화란 전분에 물을 넣고 가열하면 팽윤하고 점성도가 증가하여 전체가 반투명인 거의 균일한 콜로이드 물질이 되는 현상(예. 쌀에 물을 붓고 가열하여 밥과 죽이 되는 현상)
- 전처리란 건재료의 경우 불리거나 데치거나 삶아서 다듬는 것을 말하고, 해산물일 경우 소금물에 담가 해감시키고, 육류일 경우 찬물에 담가 핏물을 제거하는 것을 말하며, 채소일 경우 다듬고 씻어 써는 것을 말한다.
- 밥 짓는 과정 : 쌀을 씻어 상온(20도 정도)에서 최소 30분 정도 담가두었다가 밥을 지으면 물과 열이 골고루 전달되어 전분 호화가 빨리 일어나 맛있는 밥이 된다.
- 밥 뒤적이기 : 다 지어진 밥을 그대로 방치하면 솥이 식어 물방울이 생기고 밥의 중량으로 밥알이 눌려지니 주걱으로 위아래를 가볍게 뒤적여준다.

자료 및 관련 서류

- 한식조리 전문서적

- 조리도구 관련서적
- 조리원리 전문서적, 관련 자료
- 식품영양 관련서적
- 식품재료관련전문서적
- 식품가공관련서적
- 식품재료의 원가, 구매, 저장관련서적
- 식품위생법규 전문서적
- 안전관리수칙서적
- 원산지 확인서
- 메뉴얼에 의한 조리과정, 조리결과 체크리스트
- 조리도구 관리 체크리스트
- 식자재 구매 명세서

장비 및 도구

- 조리용 칼, 도마, 냄비, 밥솥, 밥그릇, 죽 그릇, 밥주걱, 분쇄기, 용기, 계량컵, 계량스푼, 계량저울, 체, 타이머 등
- 조리용 불 또는 가열도구
- 위생복, 앞치마, 위생모자, 행주, 분리수거용 봉투 등

재료

- 쌀, 잡곡류 등
- 육류, 해물, 채소, 견과류 등
- 장류, 양념류 등

⊙ 평가지침

• 평가방법

- 평가자는 능력단위 밥 · 죽의 조리는 수행준거에 제시되어 있는 내용을 평가하기 위해 이론과 실기를 나누어 평가하거나 종합적인 결과물의 평가 등 다양한 평가방법을 사용할 수 있다.
- 피평가자의 과정평가 및 결과평가방법

평가방법 \ 평가방법	평가유형	
	과정평가	결과평가
A. 포트폴리오		✓
B. 문제해결 시나리오		
C. 서술형 시험		✓
D. 논술형 시험		
E. 사례연구		
F. 평가자 질문	✓	✓
G. 평가자 체크리스트	✓	✓
H. 피평가자 체크리스트		
I. 일지/저널		
J. 역할연기		
K. 구두발표		
L. 작업장평가	✓	✓
M. 기타		

평가 시 고려사항

- 수행준거에 제시되어 있는 내용을 성공적으로 수행할 수 있는지를 평가해야 한다.
- 평가자는 다음 사항을 평가해야 한다.
  - 위생적인 조리과정
  - 식재료 선별능력
  - 식재료 전처리, 준비과정
  - 재료의 특성과 상태에 따라 물의 양을 가감할 수 있는 능력
  - 밥, 뜸들이기 능력
  - 화력조절 능력
  - 압력솥, 돌솥, 식기류의 안전한 취급능력
  - 조리도구의 사용 전후 세척

⊙ 직업기초능력

순번	직업기초능력	
	주요영역	하위영역
1	의사소통능력	문서이해능력, 문서작성능력, 경청능력, 의사표현능력, 기초외국어능력
2	문제해결능력	문제처리능력, 사고력
3	정보능력	컴퓨터 활용능력, 정보처리능력
4	기술능력	기술이해능력, 기술선택능력, 기술적용능력
5	자기개발능력	자아인식능력, 자기관리능력, 경력개발능력
6	직업윤리	근로윤리, 공동체윤리

⊙ 개발 이력

구분		내용
직무명칭		한식조리
분류번호		1301010102_14v2
개발연도	현재	2014
	최초(1차)	2006
버전번호		v2
개발자	현재	(사)한국조리기능장협회
	최초(1차)	한국산업인력공단
향후 보완 연도(예정)		2019

한식 밥 · 죽조리

밥

한반도에서 벼농사는 기원전 10~15세기경에 시작된 것으로 보인다. 경기도 여주에서 이 시기에 먹었던 탄화미(炭化米)가 발견되었기 때문이다. 물론 이때 쌀만 발견된 것은 아니고, 탄화된 조나 겉보리도 발견되었다. 당시 발견된 쌀은 아마도 인도 갠지스 강 하류에서 비롯되어 중국을 거쳐 우리나라로 전해진 것으로 추정된다. 우리의 식생활 형태가 주, 부식으로 나뉘는 것은 벼농사 시작 이후다. 물론 벼가 들어오기 전에도 이미 다른 곡물들이 들어와 있었다. 기장과 조가 제일 먼저, 그 다음 보리, 벼, 콩 순서로 다양한 곡식이 유입되었다. 특히 콩은 우리의 식생활에서 매우 중요한 역할을 하여 한국음식이 된장, 간장과 같은 장(醬)문화를 이루는 데 일조한다.

쌀은 밀보다 우수하다. 우선 쌀에 함유된 영양소들이 질적으로 우수하다.

보통 쌀은 탄수화물만 함유된 식물이라 알고 있지만 80% 정도는 탄수화물 외에 7% 정도의 양질의 단백질이 함유되어 있다. 밀의 단백질 구성비율은 10%로 쌀보다 더 높다. 그러나 체내 이용률을 표시하는 기준인 '단백가'로 보면 밀가루는 42인 반면 쌀은 70이기 때문에 쌀 영양가가 밀가루보다 더 우수하다. 특히 쌀 단백질에는 필수 아미노산인 '리신'이 밀가루나 옥수수, 조보다 2배나 많다. 그래서 질적인 면에서는 식물성 식품 중 쌀이 가장 우수한 것으로 평가받는다. 쌀은 특히 자라나는 어린이나 청소년에게 좋다. 그 밖에도 칼슘이나 철, 인, 칼륨, 나트륨, 마그네슘과 같은 미네랄이 함유되어 있고, 발암물질이나 콜레스테롤과 같은 독소를 몸 밖으로 배출시키는 섬유질이나 비타민 B_1 등과 같은 다양한 영양분이 함유되어 있다. 또 쌀은 밀가루에 비해 소화가 잘된다.

탄수화물의 소화 흡수율이 98%에 달한다고 하니 남녀노소가 부담을 느끼지 않고 다 먹을 수 있는 우수한 식품인 것이다. 그래서 아기들에게도 쌀로 만든 미음을 최초의 이유식으로 준다.

쌀은 도정 정도에 따라 나눌 수 있는데, 원곡 그대로를 먹는 것은 현미라고 하고, 현미부터 반쯤 찧는 5분도미, 7부만 찧은 7분도미, 전부를 다 깎아낸 백미 등이 있다.

〈표 1〉 도정별 영양성분

도정미	수분(%)	단백질(%)	지질(%)	탄수화물(%)	무기질(%)	티아민(%)	소화율(%)
현미	13.25	7.63	2.33	75.7	1.60	5.4	93
5분도미	14.05	7.50	1.50	76.2	0.79	4.0	97
7분도미	14.06	7.27	1.32	76.6	0.71	3.1	98
백미	14.39	7.11	0.97	77.1	0.54	1.7	98

밥(飯(반))이란 신석기시대 이후 토기를 만들면서 지어 먹기 시작했다. 당시의 토기는 흙을 빚어 그대로 말리거나 낮은 온도에서 구운 것이어서 음식에서 흙냄새가 많이 났을 것으로 여겨지며, 시루가 생기고 나서부터 곡물을 쪄서 먹게 되었다.

'밥'은 먹는 이에 따라 '진지', '메', '수라' 등으로 부른다. 어른께는 '진지 잡수세요', 궁중에서 임금에게는 '수라 젓수세요.' 하며, 제사 때는 '메를 올린다'고 한다. '수라'는 궁중 용어로 우리 고유의 말이 아니라 고려 때 몽골에서 들어온 말이다.

밥은 쌀을 비롯한 곡류에 물을 붓고 가열하여 호화시킨 음식으로 한국음식의 주식 중 가장 기본이 되는 음식이다. 밥은 어떤 곡식을 사용하느냐에 따라 그 이름이 달라진다. 밥은 넣는 재료에 따라 흰밥을 비롯하여 보리, 수수, 조, 콩, 팥 등을 섞어 지은 잡곡밥과 밥에 나물과 고기를 얹어 비벼먹는 비빔밥이 있다.

궁중에서는 패쪽을 가지고 출퇴근을 하며 밥 짓는 일을 도맡아서 하는 노비가 있었는데, 이들은 진상된 쌀로 곱돌을 깎아서 만든 곱돌솥을 사용했다. 이때 백반(쌀밥) 또는 팥물밥(팥밥)을 꼭 한 그릇씩만 지었다. 화로에 숯불을 담아 그 위에 곱돌솥을 올려놓고 은근히 뜸을 들여 밥을 지었다. 이러한 곱돌솥 밥 짓기는 궁중뿐만 아니라 사대부가에서도 이용되었다. 이것은 1915년에 나온《부인필지》에 기록되어 있다.

비빔밥은《동국세시기》의 골동반(骨董飯)과 1800년대 말에 나온 것으로 추정되는《시의전서》에서 골동반(부빔밥)으로 표기하면서 밥상 위에 골동반이 정착되었음을 의미한다.

정월 상원(1월 15일)에 오곡밥을 먹는 유래는 토지신에게 오곡(쌀, 조, 기장, 콩, 팥)의 수확을 감사드리고, 제사를 올린 다음 골고루 음복해 나누어 먹던 옛 풍속에 기인한다는 것이다. 이 오곡밥을 1700년대에는 뉴반(紐飯)이라고도 하였다.

오곡밥은 음양오행설에 따른 오곡의 조화를 고려해 쌀밥에 모자란 영양을 보충하기 위해 만든 음식이다. 곡류는 도정하지 않고 먹는 것이 좋다. 이것은 비타민 등 중요한 영양소와 섬유소가 도정 시 깎여 나가는 배아에 많이 들어 있기 때문이다. 따라서 이 배아가 떨어져 나간 백미만 먹으면 이러한 영양소들을 섭취할 수 없다. 특히 현대인들에게는 오곡밥이 쌀밥보다 성인병 예방에 탁월하다.

안동 지역에서 발달한 헛제삿밥은 제삿날이면 함께 먹는 제사용 비빔밥으로 얼마나 맛있었는지 우리 조상들은 제사를 지내지 않는 평상시에도 일부러 제사 때 올리는 음식들을 만들어 비빔밥을 만들어 먹었는데, 이를 헛제삿밥이라 한다. 이렇게 탄생한 헛제삿밥은 안동 지역의 향토음식이 되었다. 헛제삿밥에는 각종 나물에 간단하게 찐 조기, 도미, 상어고기 등을 곁들여 밥을 비벼 먹었는데, 제수음식이었으므로 파, 마늘 등 양념이 강한 재료는 쓰지 않는다.

전통적인 상차림은 한 사람에 한 상씩 차리는데 독상(獨床) 또는 외상이라 한다. 외상에는 밥과 국이 놓인 앞쪽 오른편에 수저를 한 벌만 가지런히 놓고, 겸상은 둘이 먹도록 차리는데 손윗사람 위주로 반상을 차리고, 반대편에 손아랫사람의 수저를 놓는다. 독상차림은 일제 강점기부터 점차 사라져 1920년대부터 가족이 한데 두레반(원반)에 둘러앉아 먹는 것이 일반적으로 퍼졌다.

반상은 일상의 밥상이다. 상을 받는 사람의 지위에 따라 궁중에서는 수라상, 반가(班家)에서는 진지상, 서민들은 밥상이라 하였다.

밥상에 올리는 밥과 국, 찬물을 담는 그릇을 반상기라 하며 모두 뚜껑이 있고, 찬물은 쟁첩에 담는다. 반상기의 첩수는 쟁첩에 담는 찬물의 가짓수에 따라, 3첩, 5첩, 7첩, 9

첩, 12첩으로 불린다. 밥, 국, 김치, 찌개, 찜 등과 장류는 첩수에 들지 않는다.

반상기는 밥, 찬, 국을 담는 용기로 모두 같은 재질로 형태도 비슷하게 한 벌을 이루고 모두 뚜껑이 있다. 재질은 놋(유기)이나 사기가 보통인데, 여름철인 단오 무렵부터 추석까지는 사기를 쓰고, 추석부터 다음해 단오까지는 놋 반상기를 썼다. 반상기의 구성은 담는 음식에 따라 고유한 형태가 있어서 밥은 사발(주발), 탕은 탕기, 찌개(조치)는 조치보, 김치는 보시기, 장은 종지에 담고, 여러 가지 찬물은 쟁첩에 담고, 숭늉은 대접에 담는다. 지금은 국그릇으로 대접을 쓰지만 원래 탕기와 조치보는 주발과 같은 모양인데 조금 작다.

어른을 모시고 사는 사람은 반상을 쓰지 않는다. 어른이 잡숫고 난 대궁상을 물려받을지언정 젊은이가 감히 반상을 받지는 않는다. 장가들어 신부가 반상기 일습을 해와도 두었다가 살림날 적에 썼다. 반상을 받는 신분은 이미 한 집의 가장이 됐다는 증거이다.

재래의 가마솥은 바닥이 크고 넓으므로 이 형태를 잘 활용하는 밥 짓는 지혜가 있었다. 밥을 지을 때 솥 바닥의 밥밑을 놓는데 보통 삶은 보리나 물에 불린 콩을 밑에 깔고 그 위에 씻은 쌀을 펴 놓고 밥물을 손등에 가만히 부어 쌀이 움직이지 않게 한다. 밑에 생긴 누룽지는 잡곡이니 쌀을 절약하는 효과도 있고, 숭늉을 끓이면 더 구수한 맛이 난다. 또 한 솥에서 된밥과 진밥을 동시에 짓는 지혜도 있다. 솥에 쌀을 안칠 때 부뚜막 쪽을 높이 하고, 앞턱을 낮게 하면 앞턱의 밥이 질고 반대쪽은 되게 된다. 밥이 다 되면 며느리가 가장 먼저 노부모와 남자의 밥그릇에 식성에 따라 진밥과 된밥을 가려서 담고, 나머지 식구들도 정해진 밥그릇에 퍼 담는다.

인간이 태어나서 죽을 때까지 기념할 만한 일들을 통과의례(通過儀禮)라 하는데, 아이를 갖게 되면 삼신상(三神床)을 차린다. 삼신상은 산간을 하는 어머니가 순산을 빌며 차리는 상으로 산실 윗목에 자리를 마련하여 소반에 백미를 소복이 담아 놓고 정화수 한 그릇과 미역을 올려 차린다. 아기가 태어나면 그 쌀로 밥을 지어 세 사발에 가득 담고, 미역국도 세 그릇을 떠서 다시 삼신상을 차린다. 아기가 출생한 후 처음으로 산모가 먹는 미역국과 흰밥을 첫국밥이라 하며, 산모의 밥은 정성을 다한다는 뜻으로 가족의 밥과 따로 밥을 짓는데, 놋솥인 새옹에 숯불로 밥을 짓는다.

출생 후 삼칠일이 지나면 가족들이 산실에 들어가 축수를 하고 금줄을 떼어 불에 태

우고 흰밥, 소고기미역국과 삼색나물 정도의 음식을 차린다. 또한 삼신과 아기의 신성함에 의미를 두고 백설기를 만들어 차렸다. 아기 백일에는 백설기, 수수경단, 오색 송편을 만들어 이웃에 골고루 돌리는데 백일떡은 백 사람이 나누어 먹어야 장수한다고 믿었다. 흰밥에 미역국, 삼색나물, 김구이, 고기구이, 생선전, 마른 찬으로 반상을 마련하여 대접한다.

만 일 년을 첫돌이라 하여 아기 밥그릇에는 백미를 담고, 대접에 국수를 담고 과일과 송편, 백설기, 수수경단 등의 떡을 목판에 담는다. 백설기는 무구함을 뜻하는데 큰 덩어리로 소담스럽게 담는다. 붉은색은 역귀를 물리친다 하여 수수팥단지를 놓고, 송편은 소를 꽉 채워 빚는데 이는 머리에 학문을 꽉 채운다는 뜻이 있다. 과일은 자손 번창의 뜻을 담고 있다. 돌날 손님상은 백일과 마찬가지로 흰밥에 미역국과 찬물을 반상으로 차려 대접한다.

1. 밥의 조리

(1) 재료 준비하기

- 밥의 종류에 따라 재료를 준비한다.

(2) 재료 선별하기

- 곡류에 섞여 있는 이물질을 제거한다.
- 쌀은 색택은 맑고 윤기가 나는 것, 낟알이 잘 여물고 고르며 덜 익은 쌀이 없는 것, 수분은 15~16%로 적당히 마른 것, 피해립, 병해립, 충해립 등이 없는 것, 싸라기가 적고 돌, 뉘 등이 없는 것, 가공한 지 오래되지 않으며 쌀알에 흰 골이 생기지 않은 것 , 포장이 표준 규격으로 잘 되어 있는 것을 선택한다.

(3) 재료 계량하기

- 레시피를 기준으로 필요량을 계량저울, 계량컵, 계량스푼 등으로 계량한다.

(4) 재료 세척

- 곡류는 맑은 물이 나올 때까지 4~5회 세척을 한다. 하지만 너무 오래 씻으면 쌀에 있는 수용성 영양소 및 단백질이나 지방성분들이 씻겨 내려가므로 밥맛이 없어진다. 불순물, 겨껍질, 돌 등을 제거하는 과정이다.
- 채소류는 흙, 먼지 등이 없도록 흐르는 물에 세척한다.

(5) 재료 불리기

- 밥을 짓기 전에 필요한 물을 충분히 흡수하는 과정으로 생쌀의 수분함량은 13~15%이다. 여름에는 30분, 겨울에는 90분 불리기를 하면 최대에 달한다.

(6) 조리하기

- 햅쌀은 쌀 용량의 1.1배, 보통 백비는 쌀 용량의 1.2배, 묵은쌀은 쌀 용량의 1.5배로 물을 넣는다.
- 처음 10~15분은 센 불에서, 5분은 중불에서 조리하여 전분이 호화될 수 있도록 하고, 15~20분은 약한 불에서 뜸을 들인다.

(7) 담아내기

- 밥을 담을 그릇을 선택한다.
- 그릇에 밥을 따뜻하게 담아낸다.

2. 밥맛의 구성요소

밥맛은 쌀의 형질, 취반 특성과 밀접한 관계가 있다. 쌀의 형질은 품종에 영향을 받으며 수확 후 오래된 것이나 변질된 것은 밥맛이 나쁘다.

쌀의 밥맛은 아밀로오스 함량, 아미노산 함량, 휘발성 향기성분 등에 영향을 받으며 취반 시 호화온도 등의 이화학적 특성과도 관련이 있다. 아밀로오스 함량이 높으면 충분한 팽윤이 일어나지 않아 밥의 끈기가 부족하며 완전한 호화가 어려운 반면 노화가 빨리 일어나 밥이 빨리 굳어진다. 단백질 함량이 높은 쌀은 밥을 지었으면 맛이 없다고

평가되나, 쌀의 유리아미노산 중 글루탐산과 아스파라긴산 함량은 밥의 진미를 더해준다. 밥물은 ph 7~8 정도일 때 밥맛이나 외관이 가장 좋으며, 산성이 높아질수록 밥맛이 나쁘고 노화가 빨라진다. 약간의 소금(0.03%)을 넣으면 밥맛이 좋아진다.

3. 쌀의 저장

최적의 저장환경에 있어서 쌀의 저온저장이 실용화되고 있는 현재는 저장상의 관리 초점이 되는 쌀의 수분함량과 온도규제가 정확해야 한다. 저온저장은 창고 내의 온도를 10~15℃, 습도를 70~80%로 유지하는 것이 좋다.

저장형태는 벼, 현미, 정백미 등이다. 그중 벼 저장은 충해가 적으나 장소를 많이 차지하는 것이 결점이다. 저장 중의 중량 감소는 저온저장에서 낮았으며 백미, 현미, 벼의 순으로 감소가 적었다.

죽

죽은 곡물로 만든 음식 가운데 가장 오래된 음식이다.

죽이란 곡물에 5~10배 정도의 물을 붓고 오랫동안 끓여 완전히 호화시킨 음식으로 반유동식이다.

죽, 미음, 응이는 모두 곡류로 만드는 유동식이다.

죽은 곡식의 낟알이나 가루에 물을 많이 붓고 오래 끓여서 완전히 호화시킨 것이고, 미음은 곡식을 푹 고아서 체에 거른 것이며, 응이는 곡물을 갈아 가라앉은 전분을 말려 두었다가 물에 풀어 쑨 고운 죽이다. 죽보다는 미음이, 미음보다는 응이가 더 묽다. 죽은 쌀의 전처리 방법에 따라 통쌀로 쑤는 옹근죽과 굵게 갈아서 쑤는 원미죽 그리고 곱게 갈아서 쑤는 무리죽으로 나눌 수 있다.

죽은 곡물뿐 아니라 부재료로 채소, 육류, 어패류, 견과류, 종실류 등을 넣는다. 죽은 재료에 따라 다음과 같이 분류해 볼 수 있다.

- **곡물류 죽** : 흰죽, 양원죽, 콩죽, 팥죽, 녹두죽, 흑임자죽, 보리죽, 조죽, 율무죽, 암죽, 들깨죽, 우유죽 등
- **견과류 죽** : 잣죽, 밤죽, 낙화생죽, 호두죽, 은행죽, 도토리죽
- **채소류 죽** : 아욱죽, 근대죽, 김치죽, 애호박죽, 무죽, 호박죽, 죽순죽, 콩나물죽, 버섯죽, 차조기죽, 방풍죽, 미역죽, 시래기죽, 부추죽 등
- **육류 죽** : 소고기죽, 장국죽, 닭죽, 양죽 등
- **어패류 죽** : 어죽, 전복죽, 옥돔죽, 북어죽, 게살죽, 낙지죽, 문어죽, 홍합죽, 대합죽, 바지락죽, 생굴죽 등
- **약리성 재료 죽** : 갈분죽, 강분죽, 복령죽, 문동죽, 산약죽, 송엽죽, 송파죽, 연자죽, 인삼대추죽, 죽엽죽, 차잎죽, 행인죽 등

1. 미음(米飮)의 문화

《재물보(1807)》에서는 “죽지궤숙자미음”이라 하였다. 흰죽은 쌀을 불려 잘게 갈아 부

셔서 끓이거나 그대로 끓이는 데 비하여 미음은 쌀을 껍질만 남을 정도로 충분히 고아서 체에 밭친 것이다.

《규합총서》에는 해삼, 홍합, 소고기, 찹쌀로 만든 삼합미음이 설명되어 있고, 《군학회등》에서는 미음제품이라 하여 율미, 멥쌀, 찹쌀, 청양미, 녹두, 고맥, 대추 등의 미음을 들고 있다.

2. 의이(薏苡)의 문화

의이란 본디 율무를 가리키는 말이다. 《증보산림경제》, 《규합총서》, 《옹희잡지》 등에 의이죽 만들기가 설명되어 있다. 율무의 껍질을 벗기고 물에 담가 불려 맷돌에 갈아서 앙금을 안치고 이 앙금을 말려두었다가 이것으로 죽을 끓이니 의이죽이다. 그런데 언제부터인가 율무와 아무 관계없이 어떤 곡물이든 갈아서 앙금을 얻어 이것으로 쑨 죽을 통틀어 의이라 부르게 되었다.

이것은 《아언각비》에서도 지적하고 있으며, 《성호사설》에서도 의이란 본디 곡물의 이름인데 죽이름의 하나로 의이를 들고 있는 것은 잘못이라 지적하였다.

3. 원미(元米)의 문화

《시의전서》에는 소주원미(燒酒元米), 장탕원미(醬湯元米)는 곡물을 굵게 동강나게 갈아서 쑨 죽이라고 하였다.

조선시대에는 아침에 밥 대신 죽을 먹는 문화가 발달했다. 죽은 대용 주식, 별미식, 보양식, 치료식, 환자식, 구황식, 음료 등의 역할을 두루 담당했던 것이다. 하지만 그 밖에 민속식으로서의 죽도 있었다. 《동국세시기》에는 정월과 복날 및 동짓날 시식에 적두죽(팥죽)이 있음을 기록하고 있다. 팥죽이 풍속음식으로 정착된 것에 대한 문헌적 출현은 고려시대에 이미 등장하고 있다. 집안의 나쁜 액을 풀어서 잡귀를 물리치기 위한 주물(呪物)이 팥죽이었던 것이다. 밥 짓기와 마찬가지로 돌솥에 쑤는 죽을 가장 맛있는 죽으로 여겼던 조선시대에는 일찍이 죽조리법에 대해서도 터득하고 있었다.

조선시대의 《청장관전서(1795)》에는 “서울의 시녀들의 죽 파는 소리가 개 부르는 듯 하다”는 말이 나온다. 이로써 조선시대에는 죽이 매우 보편화된 음식이었다는 것을 알 수 있다.

《임원십육지》에는 “매일 아침에 일어나서 죽 한 사발을 먹으면 배가 비어 있고 위가 허한데 곡기가 들어가서 보(補)의 효과가 있다. 또 매우 부드럽고 매끄러워서 위장에 좋다. 이것은 음식의 최묘결(最妙訣)이다”고 하였다. 이와 같이 아침의 대용 주식으로서 죽의 효능을 설명하였다.

또한 어른께서 이른 아침에 시장기를 면하시라고 올리는 죽상을 자릿조반 또는 조조반이라 하였다. 죽에 어울리는 마른 찬으로는 육포, 북어무침, 매듭자반, 장똑똑이, 장산적 등이다.

✲ 고문헌에 나타난 죽류

규합총서(1815) – 삼합미음, 의이죽
도문대작(1611) – 방풍죽
동의보감(1613) – 구선왕도고의이
산림경제(1715) – 연자죽, 해송자죽(잣죽), 청태죽, 박죽, 아욱죽, 보리죽, 병아리죽, 소양죽, 붕어죽, 석화죽(굴죽), 연뿌리죽, 방풍죽, 가시연밥알맹이죽, 마름죽, 칡뿌리녹말죽, 황률죽, 전복죽, 홍합죽, 소고기죽
시의전서(1800년대 말) – 흑임자죽, 잣죽, 개암죽, 행인죽, 호두죽, 장국죽, 갈분응이, 장국원미, 소주원미, 삼합(해삼, 홍합, 소고기)미음
역주방문(1800년대 중반) – 백자죽, 삼미죽
영접도감의궤(1609) – 타락죽
영접도감의궤(1643) – 의이죽
옹희잡지(1800) – 의이죽
원행을묘정리의궤(1795) – 백미죽, 팥물죽, 백자죽, 백감죽, 두죽(팥죽), 대조미음, 백미음, 백미미음, 추모미음, 황량미음, 청량미음, 사합미음
윤씨음식법(1854) – 팥죽
임원십육지(1825~1827) – 무죽, 당근죽, 쇠비름죽, 근대죽, 시금치죽, 냉이죽, 미나리죽, 아욱죽
증보산림경제(1766) – 의이죽

✲ 참고문헌

3대가 쓴 한국의 전통음식(황혜선 외, 교문사, 2010)
식품재료학(홍진숙 외, 교문사, 2005)
식품재료학(홍태희 외, 지구문화사, 2011)
아름다운 한국음식 300선((사)한국전통음식연구소, 질시루, 2008)
우리가 정말 알아야 할 우리 음식 백가지(한복진, 현암사, 1998)
우리생활100년(한복진, 현암사, 2001)
조선시대의 음식문화(김상보, 가람기획, 2006)
천년한식 견문록(정혜경, 생각의나무, 2009)
최신 조리원리(정상열 외, 백산출판사, 2013)
한국음식문화와 콘텐츠(한복진 외, 글누림, 2009)
한국의 음식문화(이효지, 신광출판사, 1998)
한혜영의 한국음식(한혜영, 효일, 2013)

흰밥

재료

- 멥쌀 2컵
- 물 2½컵

＊ 참고사항 : 햅쌀은 쌀 부피의 1.2배의 물, 묵은쌀은 1.5배의 물

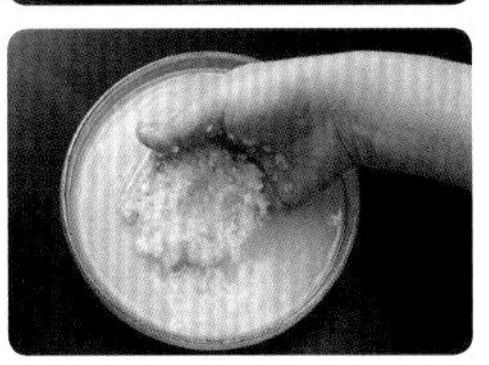

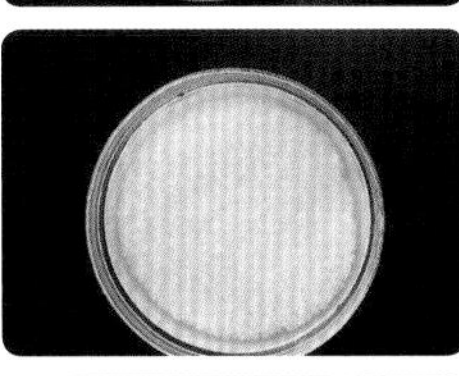

재료 확인하기

❶ 쌀의 품질 확인하기
❷ 쌀에 섞여 있는 이물질 확인하여 선별하기

사용할 도구 선택하기

❸ 돌솥, 압력솥, 냄비 등을 선택하여 준비한다.

재료 계량하기

❹ 쌀의 분량을 컵으로 계량하기
❺ 햅쌀은 쌀 부피의 1.2배, 묵은쌀은 1.5배의 물을 계량한다.

밥의 재료 세척하기

❻ 쌀은 맑은 물이 나올 때까지 세척한다.

밥 재료 준비하기

❼ 세척한 쌀을 실온에서 20~30분간 불린다.

조리하기

❽ 냄비를 선택한 경우 불린 쌀과 물을 넣고 중불에서 뚜껑을 열고 끓인다.
❾ 냄비에 물이 자작해지면 뚜껑을 덮고 약한 불에서 15분간 뜸을 들인다.

밥 담아 완성하기

❿ 밥 담을 그릇을 선택한다.
⓫ 밥을 따뜻하게 담아낸다.

학습평가

학습내용	평가항목	성취수준		
		상	중	하
흰밥 재료 준비 및 전처리	쌀을 계량할 수 있다.			
	쌀을 씻고, 불리기를 할 수 있다.			
	돌솥, 압력솥, 냄비 등 사용할 도구를 선택하고 준비할 수 있다.			
흰밥 조리	흰밥의 조리시간과 방법을 조절할 수 있다.			
	쌀에 따라 물의 양을 가감할 수 있다.			
	조리도구와 조리법에 맞도록 화력 조절, 가열시간 조절, 뜸들이기를 할 수 있다.			
흰밥 담아 완성	흰밥의 그릇을 선택할 수 있다.			
	흰밥을 따뜻하게 담아낼 수 있다.			

학습자 완성품 사진

일일 개인위생 점검표(입실준비)

점검일 : 년 월 일 이름:

점검 항목	착용 및 실시 여부	점검결과		
		양호	보통	미흡
조리모				
두발의 형태에 따른 손질(머리망 등)				
조리복 상의				
조리복 바지				
앞치마				
스카프				
안전화				
손톱의 길이 및 매니큐어 여부				
반지, 시계, 팔찌 등				
짙은 화장				
향수				
손 씻기				
상처유무 및 적절한 조치				
흰색 행주 지참				
사이드 타월				
개인용 조리도구				

일일 위생 점검표(퇴실준비)

점검일 : 년 월 일 이름

점검 항목	실시 여부	점검결과		
		양호	보통	미흡
그릇, 기물 세척 및 정리정돈				
기계, 도구, 장비 세척 및 정리정돈				
작업대 청소 및 물기 제거				
가스레인지 또는 인덕션 청소				
양념통 정리				
남은 재료 정리정돈				
음식 쓰레기 처리				
개수대 청소				
수도 주변 및 세제 관리				
바닥 청소				
청소도구 정리정돈				
전기 및 Gas 체크				

오곡밥

재료

- 멥쌀 1/2컵
- 찹쌀 1½컵
- 팥 1/4컵
- 검은콩 1/4컵
- 수수 3큰술
- 차조 3큰술
- 소금 1작은술
- 밥물 2½컵

재료 확인하기

❶ 쌀의 품질 확인하기
❷ 쌀에 섞여 있는 이물질 확인하여 선별하기

사용할 도구 선택하기

❸ 돌솥, 압력솥, 냄비 등을 선택하여 준비한다.

재료 계량하기

❹ 각각의 재료 분량을 컵과 계량스푼으로 계량하기
❺ 물을 계량한다.

밥의 재료 세척하기

❻ 쌀은 맑은 물이 나올 때까지 세척한다.

밥 재료 준비하기

❼ 세척한 쌀은 실온에서 20~30분간 불린다. 부재료는 각각 충분히 불린다.

조리하기

❽ 팥은 냄비에 붉은팥과 물을 넣고 끓여 첫물은 따라 버리고, 물 3컵을 부어 팥알이 터지지 않도록 삶는다.
❾ 냄비를 선택한 경우 불린 멥쌀, 찹쌀, 팥, 검은콩, 수수, 차조, 소금을 넣고 팥 삶은 물과 물을 섞어 물량을 조절하여 중불에서 뚜껑을 열고 끓인다.
❿ 냄비에 물이 자작해지면 뚜껑을 덮고 약한 불에서 15분간 뜸을 들인다.

밥 담아 완성하기

⓫ 밥 담을 그릇을 선택한다.
⓬ 밥을 따뜻하게 담아낸다.

학습평가

학습내용	평가항목	성취수준		
		상	중	하
오곡밥 재료 준비 및 전처리	멥쌀, 찹쌀, 콩, 수수, 차조, 소금을 계량할 수 있다.			
	재료를 각각 씻고, 불리기를 할 수 있다.			
	돌솥, 압력솥, 냄비 등 사용할 도구를 선택하고 준비할 수 있다.			
오곡밥 조리	오곡밥의 조리시간과 방법을 조절할 수 있다.			
	쌀에 따라 물의 양을 가감할 수 있다.			
	조리도구와 조리법에 맞도록 화력 조절, 가열시간 조절, 뜸들이기를 할 수 있다.			
오곡밥 담아 완성	오곡밥의 그릇을 선택할 수 있다.			
	오곡밥을 따뜻하게 담아낼 수 있다.			

학습자 완성품 사진

일일 개인위생 점검표(입실준비)

점검일 :　　년　　월　　일　　　　이름:				
점검 항목	착용 및 실시 여부	점검결과		
		양호	보통	미흡
조리모				
두발의 형태에 따른 손질(머리망 등)				
조리복 상의				
조리복 바지				
앞치마				
스카프				
안전화				
손톱의 길이 및 매니큐어 여부				
반지, 시계, 팔찌 등				
짙은 화장				
향수				
손 씻기				
상처유무 및 적절한 조치				
흰색 행주 지참				
사이드 타월				
개인용 조리도구				

일일 위생 점검표(퇴실준비)

점검일 :　　년　　월　　일　　　　이름				
점검 항목	실시 여부	점검결과		
		양호	보통	미흡
그릇, 기물 세척 및 정리정돈				
기계, 도구, 장비 세척 및 정리정돈				
작업대 청소 및 물기 제거				
가스레인지 또는 인덕션 청소				
양념통 정리				
남은 재료 정리정돈				
음식 쓰레기 처리				
개수대 청소				
수도 주변 및 세제 관리				
바닥 청소				
청소도구 정리정돈				
전기 및 Gas 체크				

영양잡곡밥

재료

- 멥쌀 1½컵
- 찹쌀 1/2컵
- 강낭콩 30g
- 양송이버섯 30g
- 밤 3개
- 대추 3개
- 은행 5알
- 물 2컵
- 식용유 1작은술
- 소금 1/8작은술

양념장

- 간장 2큰술
- 대파(다진 대파 1큰술) 20g
- 마늘(다진 마늘 1/2작은술) 5g
- 참기름 1작은술
- 참깨 1작은술

재료 확인하기

❶ 쌀의 품질 확인하기
❷ 쌀에 섞여 있는 이물질 확인하여 선별하기
❸ 강낭콩, 양송이버섯, 생률, 대추, 은행의 품질 확인하기

사용할 도구 선택하기

❹ 돌솥, 압력솥, 냄비 등을 선택하여 준비한다.

재료 계량하기

❺ 각각의 재료 분량을 컵과 계량스푼, 저울로 계량하기
❻ 물을 계량한다.

밥의 재료 세척하기

❼ 쌀은 맑은 물이 나올 때까지 세척한다.

밥 재료 준비하기

❽ 세척한 쌀은 실온에서 20~30분간 불린다.
❾ 마늘과 대파는 씻어서 물기를 제거하고, 곱게 다진다.
❿ 생강낭콩은 씻고, 마른 강낭콩의 경우는 찬물에서 충분히 불린다.
⓫ 밤은 껍질을 벗기고, 6등분을 한다.
⓬ 양송이버섯은 깨끗하게 씻은 다음, 껍질을 벗기고 6등분을 한다.
⓭ 대추는 돌려깎아 3등분하여 썬다.
⓮ 은행은 달구어진 팬에 식용유를 두르고, 소금 간을 하여 볶아 껍질을 벗긴다.

조리하기

⓯ 냄비에 불린 쌀, 강낭콩, 양송이버섯, 생률, 대추, 은행, 물을 넣고 밥을 짓는다. 센 불로 끓여 중불로 줄이고, 약한 불로 뜸을 들인다.
⓰ 간장, 대파, 마늘, 참기름, 참깨를 섞어 양념장을 만든다.

밥 담아 완성하기

⓱ 영양잡곡밥 담을 그릇을 선택한다.
⓲ 밥을 따뜻하게 담아낸다.

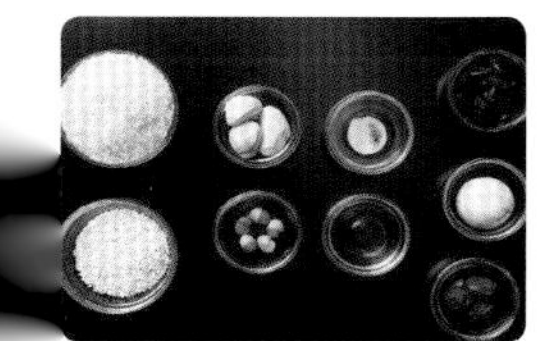

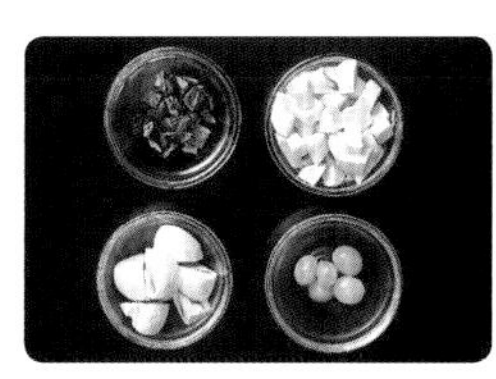

학습평가

학습내용	평가항목	성취수준		
		상	중	하
영양잡곡밥 재료 준비 및 전처리	영양잡곡밥의 재료들을 계량할 수 있다.			
	재료를 각각 씻고, 불리기를 할 수 있다.			
	돌솥, 압력솥, 냄비 등 사용할 도구를 선택하고 준비할 수 있다.			
	부재료는 전처리 방법에 맞게 할 수 있다.			
영양잡곡밥 조리	영양잡곡밥의 조리시간과 방법을 조절할 수 있다.			
	영양잡곡밥 물의 양을 가감할 수 있다.			
	조리도구와 조리법에 맞도록 화력 조절, 가열시간 조절, 뜸들이기를 할 수 있다.			
영양잡곡밥 담아 완성	영양잡곡밥의 그릇을 선택할 수 있다.			
	밥을 따뜻하게 담아낼 수 있다.			

학습자 완성품 사진

일일 개인위생 점검표(입실준비)

점검일 : 년 월 일 이름:				
점검 항목	착용 및 실시 여부	점검결과		
		양호	보통	미흡
조리모				
두발의 형태에 따른 손질(머리망 등)				
조리복 상의				
조리복 바지				
앞치마				
스카프				
안전화				
손톱의 길이 및 매니큐어 여부				
반지, 시계, 팔찌 등				
짙은 화장				
향수				
손 씻기				
상처유무 및 적절한 조치				
흰색 행주 지참				
사이드 타월				
개인용 조리도구				

일일 위생 점검표(퇴실준비)

점검일 : 년 월 일 이름				
점검 항목	실시 여부	점검결과		
		양호	보통	미흡
그릇, 기물 세척 및 정리정돈				
기계, 도구, 장비 세척 및 정리정돈				
작업대 청소 및 물기 제거				
가스레인지 또는 인덕션 청소				
양념통 정리				
남은 재료 정리정돈				
음식 쓰레기 처리				
개수대 청소				
수도 주변 및 세제 관리				
바닥 청소				
청소도구 정리정돈				
전기 및 Gas 체크				

김치밥

재료

- 멥쌀 3컵
- 배추김치 150g
- 돼지고기 100g
- 콩나물 70g

고기양념

- 간장 1큰술
- 다진 대파 1/2작은술
- 다진 마늘 1/4작은술
- 생강즙 1/2작은술
- 깨소금 1/2작은술
- 후추 약간
- 참기름 1/2작은술

양념장

- 간장 3큰술
- 다진 대파 2큰술
- 다진 마늘 1작은술
- 깨소금 1작은술
- 참기름 1작은술
- 풋고추 1/2개
- 붉은 고추 1/2개
- 굵은 고춧가루 1작은술

재료 확인하기

❶ 쌀의 품질 확인하기
❷ 쌀에 섞여 있는 이물질 확인하여 선별하기
❸ 배추김치, 돼지고기, 콩나물, 대파, 마늘 등의 품질 확인하기

사용할 도구 선택하기

❹ 돌솥, 압력솥, 냄비, 프라이팬, 나무젓가락 등을 선택하여 준비한다.

재료 계량하기

❺ 각각의 재료 분량을 컵과 계량스푼, 저울로 계량하기
❻ 물을 계량한다.

밥의 재료 세척하기

❼ 쌀은 맑은 물이 나올 때까지 세척한다.(밥 재료 불리기)
❽ 세척한 쌀은 실온에서 20~30분간 불린다.

재료 준비하기

❾ 배추김치 속을 털어내고 송송 썬다.
❿ 돼지고기는 3cm×0.3cm×0.3cm 길이로 채를 썬다.
⓫ 콩나물은 씻어 4cm 정도가 되도록 손질을 한다.

조리하기

⓬ 고기양념을 분량대로 계량하여 돼지고기를 버무린다.
⓭ 양념장을 분량대로 계량하여 만든다.
⓮ 냄비에 불린 쌀과 썬 김치, 양념한 돼지고기, 손질한 콩나물을 넣고 밥물을 맞추어 밥을 짓는다.

밥 담아 완성하기

⓯ 김치밥 그릇을 선택한다.
⓰ 그릇에 보기 좋게 김치밥을 담고, 양념장을 곁들인다.

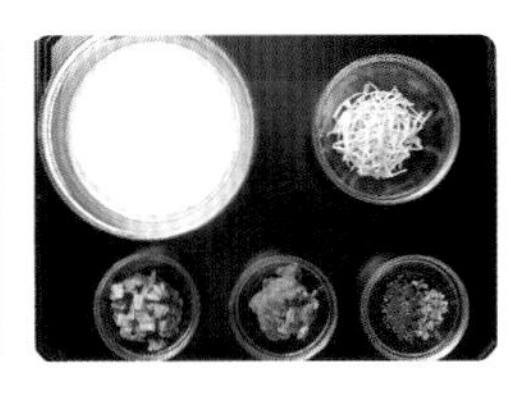

학습평가

학습내용	평가항목	성취수준		
		상	중	하
김치밥 재료 준비 및 전처리	김치밥의 재료를 계량할 수 있다.			
	재료를 각각 씻고, 불리기를 할 수 있다.			
	부재료는 조리방법에 맞고 손질할 수 있다.			
	돌솥, 압력솥, 냄비 등 사용할 도구를 선택하고 준비할 수 있다.			
김치밥 조리	김치밥의 조리시간과 방법을 조절할 수 있다.			
	김치밥 물의 양을 가감할 수 있다.			
	조리도구와 조리법에 맞도록 화력 조절, 가열시간 조절, 뜸들이기를 할 수 있다.			
김치밥 담아 완성	김치밥의 그릇을 선택할 수 있다.			
	김치밥을 따뜻하게 담아낼 수 있다.			
	부재료를 얹거나 고명을 올려낼 수 있다.			

학습자 완성품 사진

일일 개인위생 점검표(입실준비)

점검일 : 년 월 일 이름:				
점검 항목	착용 및 실시 여부	점검결과		
		양호	보통	미흡
조리모				
두발의 형태에 따른 손질(머리망 등)				
조리복 상의				
조리복 바지				
앞치마				
스카프				
안전화				
손톱의 길이 및 매니큐어 여부				
반지, 시계, 팔찌 등				
짙은 화장				
향수				
손 씻기				
상처유무 및 적절한 조치				
흰색 행주 지참				
사이드 타월				
개인용 조리도구				

일일 위생 점검표(퇴실준비)

점검일 : 년 월 일 이름				
점검 항목	실시 여부	점검결과		
		양호	보통	미흡
그릇, 기물 세척 및 정리정돈				
기계, 도구, 장비 세척 및 정리정돈				
작업대 청소 및 물기 제거				
가스레인지 또는 인덕션 청소				
양념통 정리				
남은 재료 정리정돈				
음식 쓰레기 처리				
개수대 청소				
수도 주변 및 세제 관리				
바닥 청소				
청소도구 정리정돈				
전기 및 Gas 체크				

곤드레밥

재료

- 마른 곤드레(삶은 곤드레 180g) 30g
- 멥쌀 1½컵
- 찹쌀 1/2컵
- 들기름 2큰술
- 다진 대파 1작은술
- 다진 마늘 1/2작은술
- 소금 1/2작은술

양념장

- 간장 3큰술
- 다진 대파 2큰술
- 다진 마늘 1작은술
- 깨소금 1작은술
- 참기름 1작은술
- 풋고추 1/2개
- 붉은 고추 1/2개
- 굵은 고춧가루 1작은술

재료 확인하기

❶ 쌀의 품질 확인하기
❷ 쌀에 섞여 있는 이물질 확인하여 선별하기
❸ 곤드레, 들기름, 대파, 마늘 등의 품질 확인하기

사용할 도구 선택하기

❹ 돌솥, 압력솥, 냄비, 프라이팬, 나무젓가락 등을 선택하여 준비한다.

재료 계량하기

❺ 각각의 재료 분량을 컵과 계량스푼, 저울로 계량하기
❻ 물을 계량한다.

밥의 재료 세척하기

❼ 쌀은 맑은 물이 나올 때까지 세척한다.

밥 재료 불리기

❽ 세척한 쌀은 실온에서 20~30분간 불린다.

재료 손질하기

❾ 마른 곤드레는 물에 2시간 이상 불려 1시간 정도 무르게 삶는다.
❿ 잘 삶아진 곤드레는 4~5cm 길이로 먹기 좋게 썬다.

조리하기

⓫ 곤드레에 들기름, 다진 대파, 다진 마늘, 소금을 넣어 조물조물 버무리고, 팬에 볶는다.
⓬ 양념장을 분량대로 계량하여 만든다.
⓭ 냄비에 불린 쌀, 볶은 곤드레나물을 넣고 밥물을 맞추어 밥을 짓는다.

밥 담아 완성하기

⓮ 곤드레밥 그릇을 선택한다.
⓯ 그릇에 보기 좋게 곤드레밥을 담고, 양념장을 곁들인다.

학습평가

학습내용	평가항목	성취수준		
		상	중	하
곤드레밥 재료 준비 및 전처리	곤드레밥의 재료를 계량할 수 있다.			
	재료를 각각 씻고, 불리기를 할 수 있다.			
	부재료는 조리방법에 맞게 손질할 수 있다.			
	돌솥, 압력솥, 냄비 등 사용할 도구를 선택하고 준비할 수 있다.			
곤드레밥 조리	곤드레밥의 조리시간과 방법을 조절할 수 있다.			
	쌀에 따라 물의 양을 가감할 수 있다.			
	조리도구와 조리법에 맞도록 화력 조절, 가열시간 조절, 뜸들이기를 할 수 있다.			
곤드레밥 담아 완성	곤드레밥의 그릇을 선택할 수 있다.			
	곤드레밥을 따뜻하게 담아낼 수 있다.			

학습자 완성품 사진

일일 개인위생 점검표(입실준비)

점검일 :　　년　　월　　일　　　　　　이름:

점검 항목	착용 및 실시 여부	점검결과		
		양호	보통	미흡
조리모				
두발의 형태에 따른 손질(머리망 등)				
조리복 상의				
조리복 바지				
앞치마				
스카프				
안전화				
손톱의 길이 및 매니큐어 여부				
반지, 시계, 팔찌 등				
짙은 화장				
향수				
손 씻기				
상처유무 및 적절한 조치				
흰색 행주 지참				
사이드 타월				
개인용 조리도구				

일일 위생 점검표(퇴실준비)

점검일 :　　년　　월　　일　　　　　　이름

점검 항목	실시 여부	점검결과		
		양호	보통	미흡
그릇, 기물 세척 및 정리정돈				
기계, 도구, 장비 세척 및 정리정돈				
작업대 청소 및 물기 제거				
가스레인지 또는 인덕션 청소				
양념통 정리				
남은 재료 정리정돈				
음식 쓰레기 처리				
개수대 청소				
수도 주변 및 세제 관리				
바닥 청소				
청소도구 정리정돈				
전기 및 Gas 체크				

팥밥(홍반)

재료

- 멥쌀 2컵
- 붉은팥 3큰술
- 물 2½컵

재료 확인하기

❶ 쌀의 품질 확인하기
❷ 쌀에 섞여 있는 이물질 확인하여 선별하기
❸ 붉은팥의 품질 확인하기

사용할 도구 선택하기

❹ 돌솥, 압력솥, 냄비 등을 선택하여 준비한다.

재료 계량하기

❺ 각각의 재료 분량을 컵과 계량스푼, 저울로 계량하기
❻ 물을 계량한다.

밥의 재료 세척하기

❼ 쌀은 맑은 물이 나올 때까지 세척한다.

밥 재료 불리기

❽ 세척한 쌀은 실온에서 20~30분간 불린다.

조리하기

❾ 냄비에 붉은팥과 물을 넣고 끓여 첫물은 따라 버리고, 물 2컵을 부어 팥알이 터지지 않도록 삶는다.
❿ 냄비에 불린 쌀과 잘 삶아진 팥을 넣고 팥 삶은 물과 물을 합하여 밥물을 붓고 중불에서 끓인다. 냄비에 물이 자작해지면 뚜껑을 덮고 약한 불에서 15분간 뜸을 들여 밥을 짓는다.
✻ 팥 삶은 물에 찹쌀로 밥을 지으면 홍반이 된다.

밥 담아 완성하기

⓫ 팥밥의 그릇을 선택한다.
⓬ 그릇에 보기 좋게 팥밥을 담는다.

학습평가

학습내용	평가항목	성취수준		
		상	중	하
팥밥 재료 준비 및 전처리	팥밥의 재료를 계량할 수 있다.			
	재료를 각각 씻고, 불리기를 할 수 있다.			
	돌솥, 압력솥, 냄비 등 사용할 도구를 선택하고 준비할 수 있다.			
팥밥 조리	팥밥의 조리시간과 방법을 조절할 수 있다.			
	쌀에 따라 물의 양을 가감할 수 있다.			
	조리도구와 조리법에 맞도록 화력 조절, 가열시간 조절, 뜸들이기를 할 수 있다.			
팥밥 담아 완성	팥밥의 그릇을 선택할 수 있다.			
	팥밥을 따뜻하게 담아낼 수 있다.			

학습자 완성품 사진

일일 개인위생 점검표(입실준비)

점검일 : 　년　월　일　　　　이름:

점검 항목	착용 및 실시 여부	점검결과		
		양호	보통	미흡
조리모				
두발의 형태에 따른 손질(머리망 등)				
조리복 상의				
조리복 바지				
앞치마				
스카프				
안전화				
손톱의 길이 및 매니큐어 여부				
반지, 시계, 팔찌 등				
짙은 화장				
향수				
손 씻기				
상처유무 및 적절한 조치				
흰색 행주 지참				
사이드 타월				
개인용 조리도구				

일일 위생 점검표(퇴실준비)

점검일 : 　년　월　일　　　　이름

점검 항목	실시 여부	점검결과		
		양호	보통	미흡
그릇, 기물 세척 및 정리정돈				
기계, 도구, 장비 세척 및 정리정돈				
작업대 청소 및 물기 제거				
가스레인지 또는 인덕션 청소				
양념통 정리				
남은 재료 정리정돈				
음식 쓰레기 처리				
개수대 청소				
수도 주변 및 세제 관리				
바닥 청소				
청소도구 정리정돈				
전기 및 Gas 체크				

보리밥

재료

- 멥쌀 2컵
- 보리쌀 30g
- 물 2½컵

재료 확인하기

❶ 쌀의 품질 확인하기
❷ 멥쌀, 보리쌀에 섞여 있는 이물질 확인하여 선별하기

사용할 도구 선택하기

❸ 돌솥, 압력솥, 냄비 등을 선택하여 준비한다.

재료 계량하기

❹ 각각의 재료 분량을 컵과 계량스푼, 저울로 계량하기
❺ 물을 계량한다.

밥의 재료 세척하기

❻ 쌀은 맑은 물이 나올 때까지 세척한다.

밥 재료 불리기

❼ 세척한 멥쌀은 실온에서 20~30분간 불린다.
❽ 보리쌀은 실온에서 2시간 불린다.

조리하기

❾ 솥 밑에 준비된 보리쌀을 깔고 위에 쌀을 안친 다음 분량의 물을 가만히 붓고 밥을 짓는다.

밥 담아 완성하기

❿ 보리밥의 그릇을 선택한다.
⓫ 그릇에 보기 좋게 보리밥을 담는다.

학습평가

학습내용	평가항목	성취수준		
		상	중	하
보리밥 재료 준비 및 전처리	보리밥의 재료를 계량할 수 있다.			
	재료를 각각 씻고, 불리기를 할 수 있다.			
	돌솥, 압력솥, 냄비 등 사용할 도구를 선택하고 준비할 수 있다.			
보리밥 조리	보리밥의 조리시간과 방법을 조절할 수 있다.			
	쌀에 따라 물의 양을 가감할 수 있다.			
	조리도구와 조리법에 맞도록 화력 조절, 가열시간 조절, 뜸들이기를 할 수 있다.			
보리밥 담아 완성	보리밥의 그릇을 선택할 수 있다.			
	보리밥을 따뜻하게 담아낼 수 있다.			

학습자 완성품 사진

일일 개인위생 점검표(입실준비)

점검일 :　　년　　월　　일　　　이름:				
점검 항목	착용 및 실시 여부	점검결과		
		양호	보통	미흡
조리모				
두발의 형태에 따른 손질(머리망 등)				
조리복 상의				
조리복 바지				
앞치마				
스카프				
안전화				
손톱의 길이 및 매니큐어 여부				
반지, 시계, 팔찌 등				
짙은 화장				
향수				
손 씻기				
상처유무 및 적절한 조치				
흰색 행주 지참				
사이드 타월				
개인용 조리도구				

일일 위생 점검표(퇴실준비)

점검일 :　　년　　월　　일　　　이름				
점검 항목	실시 여부	점검결과		
		양호	보통	미흡
그릇, 기물 세척 및 정리정돈				
기계, 도구, 장비 세척 및 정리정돈				
작업대 청소 및 물기 제거				
가스레인지 또는 인덕션 청소				
양념통 정리				
남은 재료 정리정돈				
음식 쓰레기 처리				
개수대 청소				
수도 주변 및 세제 관리				
바닥 청소				
청소도구 정리정돈				
전기 및 Gas 체크				

채소고기밥

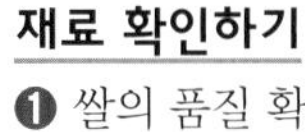

재료

- 멥쌀 2½컵
- 소고기 60g
- 우엉 60g
- 당근 80g
- 마른 표고버섯 6장
- 완두콩 50g
- 물 3컵

고기양념

- 간장 1/2큰술
- 다진 대파 1/2작은술
- 다진 마늘 1/4작은술
- 생강즙 1/2작은술
- 깨소금 1/2작은술
- 후추 약간
- 참기름 1/2작은술

양념장

- 간장 3큰술
- 다진 대파 2큰술
- 다진 마늘 1작은술
- 깨소금 1작은술
- 참기름 1작은술
- 풋고추 1/2개
- 붉은 고추 1/2개
- 굵은 고춧가루 1작은술

재료 확인하기

❶ 쌀의 품질 확인하기
❷ 쌀에 섞여 있는 이물질 확인하여 선별하기
❸ 소고기, 우엉, 당근, 표고버섯, 완두콩, 대파, 마늘 등의 품질 확인하기

사용할 도구 선택하기

❹ 돌솥, 압력솥, 냄비, 프라이팬, 나무젓가락 등을 선택하여 준비한다.

재료 계량하기

❺ 각각의 재료 분량을 컵과 계량스푼, 저울로 계량하기
❻ 물을 계량한다.

밥의 재료 세척하기

❼ 쌀은 맑은 물이 나올 때까지 세척한다.

밥 재료 불리기

❽ 세척한 쌀은 실온에서 20~30분간 불린다.
❾ 마른 표고버섯은 미지근한 물에 불린다.

재료 준비하기

❿ 소고기는 3cm×0.3cm×0.3cm로 채를 썬다.
⓫ 우엉, 당근은 껍질을 벗기고, 3cm×0.3cm×0.3cm로 채를 썬다.
⓬ 불린 표고버섯은 3cm×0.3cm×0.3cm로 채를 썬다.
⓭ 완두콩은 깨끗하게 씻는다.

조리하기

⓮ 고기양념을 분량대로 계량하여 소고기를 버무려 달구어진 팬에 식용유를 두르고 볶는다.
⓯ 솥에 쌀, 소고기, 우엉, 당근, 표고버섯을 넣고 물 3컵을 붓고 밥을 짓는다. 뜸들이기 전에 완두콩을 넣고 뜸을 들여 파랗게 익도록 한다.
⓰ 분량대로 계량하여 양념장을 만든다.

밥 담아 완성하기

⓱ 채소고기밥의 그릇을 선택한다.
⓲ 그릇에 보기 좋게 채소고기밥을 담고, 양념장을 곁들인다.

학습평가

학습내용	평가항목	성취수준		
		상	중	하
채소고기밥 재료 준비 및 전처리	채소고기밥의 재료를 계량할 수 있다.			
	재료를 각각 씻고, 불리기를 할 수 있다.			
	부재료는 조리방법에 맞게 손질할 수 있다.			
	돌솥, 압력솥, 냄비 등 사용할 도구를 선택하고 준비할 수 있다.			
채소고기밥 조리	채소고기밥의 조리시간과 방법을 조절할 수 있다.			
	쌀에 따라 물의 양을 가감할 수 있다.			
	조리도구와 조리법에 맞도록 화력 조절, 가열시간 조절, 뜸들이기를 할 수 있다.			
채소고기밥 담아 완성	채소고기밥의 그릇을 선택할 수 있다.			
	채소고기밥을 따뜻하게 담아낼 수 있다.			
	부재료를 얹거나 고명을 올려낼 수 있다.			

학습자 완성품 사진

일일 개인위생 점검표(입실준비)

점검일 : 년 월 일 이름:

점검 항목	착용 및 실시 여부	점검결과		
		양호	보통	미흡
조리모				
두발의 형태에 따른 손질(머리망 등)				
조리복 상의				
조리복 바지				
앞치마				
스카프				
안전화				
손톱의 길이 및 매니큐어 여부				
반지, 시계, 팔찌 등				
짙은 화장				
향수				
손 씻기				
상처유무 및 적절한 조치				
흰색 행주 지참				
사이드 타월				
개인용 조리도구				

일일 위생 점검표(퇴실준비)

점검일 : 년 월 일 이름

점검 항목	실시 여부	점검결과		
		양호	보통	미흡
그릇, 기물 세척 및 정리정돈				
기계, 도구, 장비 세척 및 정리정돈				
작업대 청소 및 물기 제거				
가스레인지 또는 인덕션 청소				
양념통 정리				
남은 재료 정리정돈				
음식 쓰레기 처리				
개수대 청소				
수도 주변 및 세제 관리				
바닥 청소				
청소도구 정리정돈				
전기 및 Gas 체크				

차조밥

재료

- 멥쌀 2컵
- 차조 80g
- 물 2½컵

재료 확인하기

❶ 쌀, 차조의 품질 확인하기
❷ 쌀, 차조에 섞여 있는 이물질 확인하여 선별하기

사용할 도구 선택하기

❸ 돌솥, 압력솥, 냄비 등을 선택하여 준비한다.

재료 계량하기

❹ 각각의 재료 분량을 컵과 계량스푼, 저울로 계량하기
❺ 물을 계량한다.

밥의 재료 세척하기

❻ 쌀, 차조는 맑은 물이 나올 때까지 세척한다.

밥 재료 불리기

❼ 세척한 쌀, 차조는 실온에서 20~30분간 불린다.

조리하기

❽ 솥에 불린 쌀, 불린 차조, 물을 넣어 밥을 짓는다.

밥 담아 완성하기

❾ 차조밥의 그릇을 선택한다.
❿ 그릇에 보기 좋게 차조밥을 담는다.

학습평가

학습내용	평가항목	성취수준		
		상	중	하
차조밥 재료 준비 및 전처리	차조밥의 재료를 계량할 수 있다.			
	재료를 각각 씻고, 불리기를 할 수 있다.			
	돌솥, 압력솥, 냄비 등 사용할 도구를 선택하고 준비할 수 있다.			
차조밥 조리	차조밥의 조리시간과 방법을 조절할 수 있다.			
	쌀에 따라 물의 양을 가감할 수 있다.			
	조리도구와 조리법에 맞도록 화력 조절, 가열시간 조절, 뜸들이기를 할 수 있다.			
차조밥 담아 완성	차조밥의 그릇을 선택할 수 있다.			
	차조밥을 따뜻하게 담아낼 수 있다.			

학습자 완성품 사진

일일 개인위생 점검표(입실준비)

점검일 : 년 월 일 이름:

점검 항목	착용 및 실시 여부	점검결과		
		양호	보통	미흡
조리모				
두발의 형태에 따른 손질(머리망 등)				
조리복 상의				
조리복 바지				
앞치마				
스카프				
안전화				
손톱의 길이 및 매니큐어 여부				
반지, 시계, 팔찌 등				
짙은 화장				
향수				
손 씻기				
상처유무 및 적절한 조치				
흰색 행주 지참				
사이드 타월				
개인용 조리도구				

일일 위생 점검표(퇴실준비)

점검일 : 년 월 일 이름

점검 항목	실시 여부	점검결과		
		양호	보통	미흡
그릇, 기물 세척 및 정리정돈				
기계, 도구, 장비 세척 및 정리정돈				
작업대 청소 및 물기 제거				
가스레인지 또는 인덕션 청소				
양념통 정리				
남은 재료 정리정돈				
음식 쓰레기 처리				
개수대 청소				
수도 주변 및 세제 관리				
바닥 청소				
청소도구 정리정돈				
전기 및 Gas 체크				

감자밥

재료

- 멥쌀 2컵
- 감자 150g
- 물 2½컵

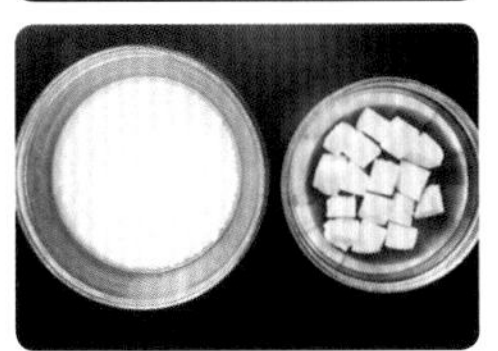

재료 확인하기

❶ 쌀의 품질 확인하기
❷ 쌀에 섞여 있는 이물질 확인하여 선별하기
❸ 감자의 품질 확인하기

사용할 도구 선택하기

❹ 돌솥, 압력솥, 냄비 등을 선택하여 준비한다.

재료 계량하기

❺ 각각의 재료 분량을 컵과 계량스푼, 저울로 계량하기
❻ 물을 계량한다.

밥의 재료 세척하기

❼ 쌀은 맑은 물이 나올 때까지 세척한다.

밥 재료 불리기

❽ 세척한 쌀은 실온에서 20~30분간 불린다.

재료 준비하기

❾ 감자는 씻어서 껍질을 벗기고, 2cm×2cm 크기로 썬다.

조리하기

❿ 냄비에 불린 쌀, 감자 썬 것, 물을 넣어 밥을 짓는다.

밥 담아 완성하기

⓫ 감자밥의 그릇을 선택한다.
⓬ 그릇에 보기 좋게 감자밥을 담는다.

학습평가

학습내용	평가항목	성취수준		
		상	중	하
감자밥 재료 준비 및 전처리	감자밥의 재료를 계량할 수 있다.			
	재료를 각각 씻고, 불리기를 할 수 있다.			
	부재료는 조리방법에 맞게 손질할 수 있다.			
	돌솥, 압력솥, 냄비 등 사용할 도구를 선택하고 준비할 수 있다.			
감자밥 조리	오곡밥의 조리시간과 방법을 조절할 수 있다.			
	쌀에 따라 물의 양을 가감할 수 있다.			
	조리도구와 조리법에 맞도록 화력 조절, 가열시간 조절, 뜸들이기를 할 수 있다.			
감자밥 담아 완성	감자밥의 그릇을 선택할 수 있다.			
	감자밥을 따뜻하게 담아낼 수 있다.			
	부재료를 얹거나 고명을 올려낼 수 있다.			

학습자 완성품 사진

일일 개인위생 점검표(입실준비)

점검일 :　　년　월　일　　　이름:				
점검 항목	착용 및 실시 여부	점검결과		
		양호	보통	미흡
조리모				
두발의 형태에 따른 손질(머리망 등)				
조리복 상의				
조리복 바지				
앞치마				
스카프				
안전화				
손톱의 길이 및 매니큐어 여부				
반지, 시계, 팔찌 등				
짙은 화장				
향수				
손 씻기				
상처유무 및 적절한 조치				
흰색 행주 지참				
사이드 타월				
개인용 조리도구				

일일 위생 점검표(퇴실준비)

점검일 :　　년　월　일　　　이름				
점검 항목	실시 여부	점검결과		
		양호	보통	미흡
그릇, 기물 세척 및 정리정돈				
기계, 도구, 장비 세척 및 정리정돈				
작업대 청소 및 물기 제거				
가스레인지 또는 인덕션 청소				
양념통 정리				
남은 재료 정리정돈				
음식 쓰레기 처리				
개수대 청소				
수도 주변 및 세제 관리				
바닥 청소				
청소도구 정리정돈				
전기 및 Gas 체크				

콩밥

재료

- 멥쌀 2컵
- 마른 서리태(검은콩) 40g
- 물 2¼컵

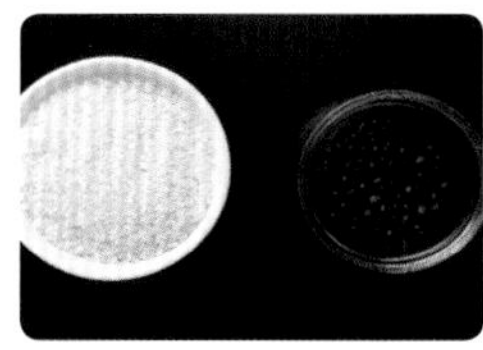

재료 확인하기

❶ 쌀, 서리태(검은콩)의 품질 확인하기
❷ 쌀, 서리태(검은콩)에 섞여 있는 이물질 확인하여 선별하기

사용할 도구 선택하기

❸ 돌솥, 압력솥, 냄비 등을 선택하여 준비한다.

재료 계량하기

❹ 각각의 재료 분량을 컵과 계량스푼, 저울로 계량하기
❺ 물을 계량한다.

밥의 재료 세척하기

❻ 쌀, 서리태(검은콩)는 맑은 물이 나올 때까지 세척한다.

밥 재료 불리기

❼ 세척한 쌀은 실온에서 20~30분간 불린다.
❽ 서리태(검은콩)는 실온에서 4시간 이상 충분히 불린다.

조리하기

❾ 솥에 불린 쌀, 불린 서리태(검은콩), 물을 넣어 밥을 짓는다.

밥 담아 완성하기

❿ 콩밥의 그릇을 선택한다.
⓫ 그릇에 보기 좋게 콩밥을 담는다.

학습평가

학습내용	평가항목	성취수준		
		상	중	하
콩밥 재료 준비 및 전처리	콩밥의 재료를 계량할 수 있다.			
	재료를 각각 씻고, 불리기를 할 수 있다.			
	돌솥, 압력솥, 냄비 등 사용할 도구를 선택하고 준비할 수 있다.			
콩밥 조리	콩밥의 조리시간과 방법을 조절할 수 있다.			
	쌀에 따라 물의 양을 가감할 수 있다.			
	조리도구와 조리법에 맞도록 화력 조절, 가열시간 조절, 뜸들이기를 할 수 있다.			
콩밥 담아 완성	콩밥의 그릇을 선택할 수 있다.			
	콩밥을 따뜻하게 담아낼 수 있다.			

학습자 완성품 사진

일일 개인위생 점검표(입실준비)

점검일 : 년 월 일 이름:				
점검 항목	착용 및 실시 여부	점검결과		
		양호	보통	미흡
조리모				
두발의 형태에 따른 손질(머리망 등)				
조리복 상의				
조리복 바지				
앞치마				
스카프				
안전화				
손톱의 길이 및 매니큐어 여부				
반지, 시계, 팔찌 등				
짙은 화장				
향수				
손 씻기				
상처유무 및 적절한 조치				
흰색 행주 지참				
사이드 타월				
개인용 조리도구				

일일 위생 점검표(퇴실준비)

점검일 : 년 월 일 이름				
점검 항목	실시 여부	점검결과		
		양호	보통	미흡
그릇, 기물 세척 및 정리정돈				
기계, 도구, 장비 세척 및 정리정돈				
작업대 청소 및 물기 제거				
가스레인지 또는 인덕션 청소				
양념통 정리				
남은 재료 정리정돈				
음식 쓰레기 처리				
개수대 청소				
수도 주변 및 세제 관리				
바닥 청소				
청소도구 정리정돈				
전기 및 Gas 체크				

팥죽

재료

- 멥팥 1/2컵
- 물 6컵
- 불린 멥쌀 1/2컵
- 소금 1/2작은술
- 젖은 찹쌀가루(방앗간용) 1컵
- 끓는 물 2큰술

재료 확인하기

❶ 쌀의 품질 확인하기
❷ 쌀에 섞여 있는 이물질 확인하여 선별하기
❸ 팥, 멥쌀, 찹쌀가루 등의 품질 확인하기

사용할 도구 선택하기

❹ 냄비, 주걱, 블렌더 등을 선택하여 준비한다.

재료 계량하기

❺ 각각의 재료 분량을 컵과 계량스푼, 저울로 계량하기
❻ 물을 계량한다.

죽의 재료 세척하기

❼ 쌀은 맑은 물이 나올 때까지 세척한다.

죽 재료 준비하기

❽ 세척한 쌀은 실온에서 2시간 불린다.

조리하기

❾ 팥은 씻어 일어 물 1컵을 넣고 끓으면 물을 따라 버리고 물 5컵을 넣어 무르도록 삶는다. 푹 삶아진 팥은 으깨어 고운체에 거르거나 블렌더에 갈아 체에 거른다.
❿ 냄비에 불린 멥쌀, 팥 웃물을 넣어 주걱으로 저으면서 끓인다.
⓫ 찹쌀가루는 끓는 물과 소금을 약간 넣고 익반죽하여 새알모양으로 옹심이를 만든다.
⓬ 쌀알이 퍼지면 팥앙금을 넣고 저으면서 끓인다.
⓭ 옹심이를 넣어 떠오르면 소금으로 간을 한다.

죽 담아 완성하기

⓮ 팥죽의 그릇을 선택한다.
⓯ 그릇에 보기 좋게 팥죽을 담는다.

학습평가

학습내용	평가항목	성취수준		
		상	중	하
팥죽 재료 준비 및 전처리	팥죽의 재료를 계량할 수 있다.			
	재료를 각각 씻고, 불리기를 할 수 있다.			
	부재료는 조리방법에 맞게 손질할 수 있다.			
	조리방법에 따라 쌀 등 재료를 갈거나 분쇄할 수 있다.			
	돌솥, 압력솥, 냄비 등 사용할 도구를 선택하고 준비할 수 있다.			
팥죽 조리	팥죽의 조리시간과 방법을 조절할 수 있다.			
	조리도구, 조리법과 쌀, 잡곡의 재료의 특성에 따라 물의 양을 조절할 수 있다.			
	조리도구와 조리법에 맞도록 화력 조절, 가열시간을 조절할 수 있다.			
팥죽 담아 완성	팥죽의 그릇을 선택할 수 있다.			
	팥죽을 따뜻하게 담아낼 수 있다.			
	부재료를 얹거나 고명을 올려낼 수 있다.			

학습자 완성품 사진

일일 개인위생 점검표(입실준비)

점검일 : 년 월 일		이름:		
점검 항목	착용 및 실시 여부	점검결과		
		양호	보통	미흡
조리모				
두발의 형태에 따른 손질(머리망 등)				
조리복 상의				
조리복 바지				
앞치마				
스카프				
안전화				
손톱의 길이 및 매니큐어 여부				
반지, 시계, 팔찌 등				
짙은 화장				
향수				
손 씻기				
상처유무 및 적절한 조치				
흰색 행주 지참				
사이드 타월				
개인용 조리도구				

일일 위생 점검표(퇴실준비)

점검일 : 년 월 일		이름		
점검 항목	실시 여부	점검결과		
		양호	보통	미흡
그릇, 기물 세척 및 정리정돈				
기계, 도구, 장비 세척 및 정리정돈				
작업대 청소 및 물기 제거				
가스레인지 또는 인덕션 청소				
양념통 정리				
남은 재료 정리정돈				
음식 쓰레기 처리				
개수대 청소				
수도 주변 및 세제 관리				
바닥 청소				
청소도구 정리정돈				
전기 및 Gas 체크				

녹두죽

재료

- 통녹두 1/2컵(75g)
- 멥쌀(30분 불린 멥쌀) 40g(100g)
- 물 5컵
- 소금 소량

재료 확인하기

❶ 쌀, 녹두의 품질 확인하기
❷ 쌀, 녹두에 섞여 있는 이물질 확인하여 선별하기

사용할 도구 선택하기

❸ 냄비, 주걱, 블렌더 등을 선택하여 준비한다.

재료 계량하기

❹ 각각의 재료 분량을 컵과 계량스푼, 저울로 계량하기
❺ 물을 계량한다.

죽의 재료 세척하기

❻ 쌀은 맑은 물이 나올 때까지 세척한다.

죽 재료 불리기

❼ 세척한 쌀은 실온에서 2시간 불린다.

조리하기

❽ 녹두는 씻어 일어 물 5컵을 넣어 무르도록 삶는다. 푹 삶아진 녹두는 으깨어 고운체에 거르거나 블렌더에 갈에 체에 거른다.
❾ 불린 멥쌀은 곱게 갈아 체에 내려둔다.
❿ 냄비에 불린 멥쌀, 녹두 웃물을 넣어 주걱으로 저으면서 끓인다.
⓫ 쌀이 잘 익으면 녹두앙금을 넣어 저으면서 끓인다.
⓬ 죽에 소금을 넣어 간을 한다.

죽 담아 완성하기

⓭ 녹두죽의 그릇을 선택한다.
⓮ 그릇에 보기 좋게 녹두죽을 담는다.

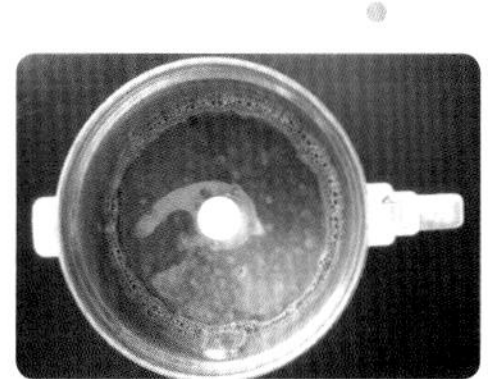
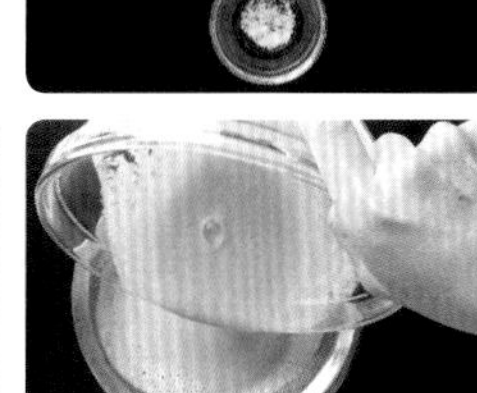

학습평가

학습내용	평가항목	성취수준		
		상	중	하
녹두죽 재료 준비 및 전처리	녹두죽의 재료를 계량할 수 있다.			
	재료를 각각 씻고, 불리기를 할 수 있다.			
	부재료는 조리방법에 맞게 손질할 수 있다.			
	조리방법에 따라 쌀 등 재료를 갈거나 분쇄할 수 있다.			
	돌솥, 압력솥, 냄비 등 사용할 도구를 선택하고 준비할 수 있다.			
녹두죽 조리	녹두죽의 조리시간과 방법을 조절할 수 있다.			
	조리도구, 조리법과 쌀, 잡곡의 재료의 특성에 따라 물의 양을 조절할 수 있다.			
	조리도구와 조리법에 맞도록 화력 조절, 가열시간을 조절할 수 있다.			
녹두죽 담아 완성	녹두죽의 그릇을 선택할 수 있다.			
	녹두죽을 따뜻하게 담아낼 수 있다.			
	부재료를 얹거나 고명을 올려낼 수 있다.			

학습자 완성품 사진

일일 개인위생 점검표(입실준비)

점검일 : 년 월 일		이름:		
점검 항목	착용 및 실시 여부	점검결과		
		양호	보통	미흡
조리모				
두발의 형태에 따른 손질(머리망 등)				
조리복 상의				
조리복 바지				
앞치마				
스카프				
안전화				
손톱의 길이 및 매니큐어 여부				
반지, 시계, 팔찌 등				
짙은 화장				
향수				
손 씻기				
상처유무 및 적절한 조치				
흰색 행주 지참				
사이드 타월				
개인용 조리도구				

일일 위생 점검표(퇴실준비)

점검일 : 년 월 일		이름		
점검 항목	실시 여부	점검결과		
		양호	보통	미흡
그릇, 기물 세척 및 정리정돈				
기계, 도구, 장비 세척 및 정리정돈				
작업대 청소 및 물기 제거				
가스레인지 또는 인덕션 청소				
양념통 정리				
남은 재료 정리정돈				
음식 쓰레기 처리				
개수대 청소				
수도 주변 및 세제 관리				
바닥 청소				
청소도구 정리정돈				
전기 및 Gas 체크				

행인죽

재료

- 행인(살구씨) 2큰술
- 불린 멥쌀 1/2컵
- 물 5컵
- 소금 약간

재료 확인하기

❶ 쌀, 행인(살구씨)의 품질 확인하기
❷ 쌀, 행인(살구씨)에 섞여 있는 이물질 확인하여 선별하기

사용할 도구 선택하기

❸ 냄비, 주걱, 블렌더 등을 선택하여 준비한다.

재료 계량하기

❹ 각각의 재료 분량을 컵과 계량스푼, 저울로 계량하기
❺ 물을 계량한다.

죽의 재료 세척하기

❻ 쌀은 맑은 물이 나올 때까지 세척한다.

죽 재료 불리기

❼ 세척한 쌀은 실온에서 2시간 불린다.

조리하기

❽ 불린 쌀, 행인(살구씨)을 블렌더에 갈아 체에 거른다.
❾ 냄비에 준비된 재료를 넣어 주걱으로 저으면서 끓인다.
❿ 죽에 소금을 넣어 간을 한다.
✲ 설탕, 꿀을 곁들여 먹어도 좋다.

죽 담아 완성하기

⓫ 행인죽의 그릇을 선택한다.
⓬ 그릇에 보기 좋게 행인죽을 담는다.

학습평가

학습내용	평가항목	성취수준		
		상	중	하
행인죽 재료 준비 및 전처리	행인죽의 재료를 계량할 수 있다.			
	재료를 각각 씻고, 불리기를 할 수 있다.			
	부재료는 조리방법에 맞게 손질할 수 있다.			
	조리방법에 따라 쌀 등 재료를 갈거나 분쇄할 수 있다.			
	돌솥, 압력솥, 냄비 등 사용할 도구를 선택하고 준비할 수 있다.			
행인죽 조리	행인죽의 조리시간과 방법을 조절할 수 있다.			
	조리도구, 조리법과 쌀, 잡곡의 재료의 특성에 따라 물의 양을 조절할 수 있다.			
	조리도구와 조리법에 맞도록 화력 조절, 가열시간을 조절할 수 있다.			
행인죽 담아 완성	행인죽의 그릇을 선택할 수 있다.			
	행인죽을 따뜻하게 담아낼 수 있다.			
	부재료를 얹거나 고명을 올려낼 수 있다.			

학습자 완성품 사진

일일 개인위생 점검표(입실준비)

점검일 : 년 월 일 이름:

점검 항목	착용 및 실시 여부	점검결과		
		양호	보통	미흡
조리모				
두발의 형태에 따른 손질(머리망 등)				
조리복 상의				
조리복 바지				
앞치마				
스카프				
안전화				
손톱의 길이 및 매니큐어 여부				
반지, 시계, 팔찌 등				
짙은 화장				
향수				
손 씻기				
상처유무 및 적절한 조치				
흰색 행주 지참				
사이드 타월				
개인용 조리도구				

일일 위생 점검표(퇴실준비)

점검일 : 년 월 일 이름

점검 항목	실시 여부	점검결과		
		양호	보통	미흡
그릇, 기물 세척 및 정리정돈				
기계, 도구, 장비 세척 및 정리정돈				
작업대 청소 및 물기 제거				
가스레인지 또는 인덕션 청소				
양념통 정리				
남은 재료 정리정돈				
음식 쓰레기 처리				
개수대 청소				
수도 주변 및 세제 관리				
바닥 청소				
청소도구 정리정돈				
전기 및 Gas 체크				

잣죽

재료

- 멥쌀 1컵
- 잣 50g
- 물 5컵
- 소금 1/2작은술

재료 확인하기

❶ 쌀, 잣의 품질 확인하기
❷ 쌀, 잣에 섞여 있는 이물질 확인하여 선별하기

사용할 도구 선택하기

❸ 냄비, 주걱, 블렌더 등을 선택하여 준비한다.

재료 계량하기

❹ 각각의 재료 분량을 컵과 계량스푼, 저울로 계량하기
❺ 물을 계량한다.

죽의 재료 세척하기

❻ 쌀은 맑은 물이 나올 때까지 세척한다.

죽 재료 불리기

❼ 세척한 쌀은 실온에서 2시간 불린다.

조리하기

❽ 불린 쌀은 물 2컵을 넣어 곱게 갈아 고운체에 거르고, 물 2컵을 넣어 섞는다.
❾ 잣은 물 1컵과 블렌더에 갈아 체에 거른다.
❿ 냄비에 멥쌀 간 것을 넣어 나무주걱으로 저으면서 끓이고, 끓어오르면 잣 갈아 놓은 것을 넣어 멍울이 지지 않도록 저으면서 끓인다.
⓫ 소금으로 간을 한다.

죽 담아 완성하기

⓬ 잣죽의 그릇을 선택한다.
⓭ 그릇에 보기 좋게 잣죽을 담는다. 잣으로 고명을 한다.

학습평가

학습내용	평가항목	성취수준		
		상	중	하
잣죽 재료 준비 및 전처리	잣죽의 재료를 계량할 수 있다.			
	재료를 각각 씻고, 불리기를 할 수 있다.			
	부재료는 조리방법에 맞게 손질할 수 있다.			
	조리방법에 따라 쌀 등 재료를 갈거나 분쇄할 수 있다.			
	돌솥, 압력솥, 냄비 등 사용할 도구를 선택하고 준비할 수 있다.			
잣죽 조리	잣죽의 조리시간과 방법을 조절할 수 있다.			
	조리도구, 조리법과 쌀, 잡곡의 재료의 특성에 따라 물의 양을 조절할 수 있다.			
	조리도구와 조리법에 맞도록 화력 조절, 가열시간을 조절할 수 있다.			
잣죽 담아 완성	잣죽의 그릇을 선택할 수 있다.			
	잣죽을 따뜻하게 담아낼 수 있다.			
	부재료를 얹거나 고명을 올려낼 수 있다.			

학습자 완성품 사진

일일 개인위생 점검표(입실준비)

점검일 :　　년　　월　　일　　　　이름:				
점검 항목	착용 및 실시 여부	점검결과		
		양호	보통	미흡
조리모				
두발의 형태에 따른 손질(머리망 등)				
조리복 상의				
조리복 바지				
앞치마				
스카프				
안전화				
손톱의 길이 및 매니큐어 여부				
반지, 시계, 팔찌 등				
짙은 화장				
향수				
손 씻기				
상처유무 및 적절한 조치				
흰색 행주 지참				
사이드 타월				
개인용 조리도구				

일일 위생 점검표(퇴실준비)

점검일 :　　년　　월　　일　　　　이름				
점검 항목	실시 여부	점검결과		
		양호	보통	미흡
그릇, 기물 세척 및 정리정돈				
기계, 도구, 장비 세척 및 정리정돈				
작업대 청소 및 물기 제거				
가스레인지 또는 인덕션 청소				
양념통 정리				
남은 재료 정리정돈				
음식 쓰레기 처리				
개수대 청소				
수도 주변 및 세제 관리				
바닥 청소				
청소도구 정리정돈				
전기 및 Gas 체크				

밤죽

재료

- 깐 밤 100g
- 불린 멥쌀 1/2컵
- 물 3컵
- 소금 약간

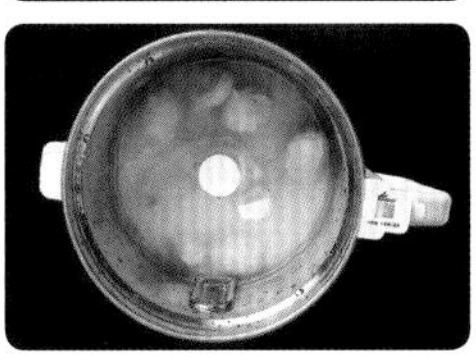

재료 확인하기

❶ 쌀, 밤의 품질 확인하기
❷ 쌀, 밤에 섞여 있는 이물질 확인하여 선별하기

사용할 도구 선택하기

❸ 냄비, 주걱, 블렌더 등을 선택하여 준비한다.

재료 계량하기

❹ 각각의 재료 분량을 컵과 계량스푼, 저울로 계량하기
❺ 물을 계량한다.

죽의 재료 세척하기

❻ 쌀은 맑은 물이 나올 때까지 세척한다.

죽 재료 불리기

❼ 세척한 쌀은 실온에서 2시간 불린다.

조리하기

❽ 불린 멥쌀, 밤, 물을 블렌더에 넣고 곱게 갈아 고운체에 거른다.
❾ 냄비에 재료를 넣어 죽을 쑨다.
❿ 소금으로 간을 한다.

죽 담아 완성하기

⓫ 밤죽의 그릇을 선택한다.
⓬ 그릇에 보기 좋게 밤죽을 담는다.

학습평가

학습내용	평가항목	성취수준		
		상	중	하
밤죽 재료 준비 및 전처리	밤죽의 재료를 계량할 수 있다.			
	재료를 각각 씻고, 불리기를 할 수 있다.			
	부재료는 조리방법에 맞게 손질할 수 있다.			
	조리방법에 따라 쌀 등 재료를 갈거나 분쇄할 수 있다.			
	돌솥, 압력솥, 냄비 등 사용할 도구를 선택하고 준비할 수 있다.			
밤죽 조리	밤죽의 조리시간과 방법을 조절할 수 있다.			
	조리도구, 조리법과 쌀, 잡곡의 재료의 특성에 따라 물의 양을 조절할 수 있다.			
	조리도구와 조리법에 맞도록 화력 조절, 가열시간을 조절할 수 있다.			
밤죽 담아 완성	밤죽의 그릇을 선택할 수 있다.			
	밤죽을 따뜻하게 담아낼 수 있다.			
	부재료를 얹거나 고명을 올려낼 수 있다.			

학습자 완성품 사진

일일 개인위생 점검표(입실준비)

점검일 : 년 월 일 이름:

점검 항목	착용 및 실시 여부	점검결과		
		양호	보통	미흡
조리모				
두발의 형태에 따른 손질(머리망 등)				
조리복 상의				
조리복 바지				
앞치마				
스카프				
안전화				
손톱의 길이 및 매니큐어 여부				
반지, 시계, 팔찌 등				
짙은 화장				
향수				
손 씻기				
상처유무 및 적절한 조치				
흰색 행주 지참				
사이드 타월				
개인용 조리도구				

일일 위생 점검표(퇴실준비)

점검일 : 년 월 일 이름

점검 항목	실시 여부	점검결과		
		양호	보통	미흡
그릇, 기물 세척 및 정리정돈				
기계, 도구, 장비 세척 및 정리정돈				
작업대 청소 및 물기 제거				
가스레인지 또는 인덕션 청소				
양념통 정리				
남은 재료 정리정돈				
음식 쓰레기 처리				
개수대 청소				
수도 주변 및 세제 관리				
바닥 청소				
청소도구 정리정돈				
전기 및 Gas 체크				

흑임자죽

재료

- 불린 멥쌀 1/2컵
- 흑임자 4큰술
- 물 3½컵
- 소금 1/3작은술
- 설탕 1/3작은술

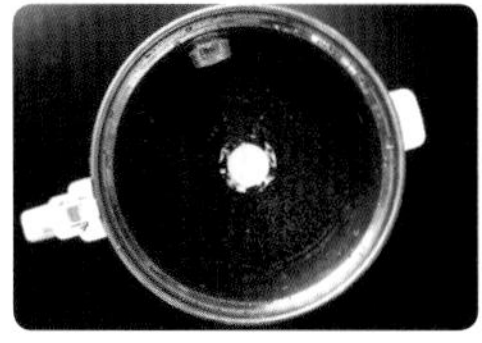

재료 확인하기

❶ 쌀, 흑임자의 품질 확인하기
❷ 쌀, 흑임자에 섞여 있는 이물질 확인하여 선별하기

사용할 도구 선택하기

❸ 냄비, 주걱, 블렌더 등을 선택하여 준비한다.

재료 계량하기

❹ 각각의 재료 분량을 컵과 계량스푼, 저울로 계량하기
❺ 물을 계량한다.

죽의 재료 세척하기

❻ 쌀은 맑은 물이 나올 때까지 세척한다.

죽 재료 불리기

❼ 세척한 쌀은 실온에서 2시간 불린다.

조리하기

❽ 불린 멥쌀은 블렌더에 물 1컵과 곱게 갈아 체에 거른다.
❾ 흑임자는 깨끗하게 씻은 뒤 일어서 물 1컵을 넣고 블렌더에 곱게 갈아 체에 거른다.
❿ 냄비에 쌀 간 것과 물 1½컵을 넣고 저으면서 끓인다.
⓫ 쌀알이 완전히 퍼지면 흑임자 갈아 놓은 것을 넣어 어우러질 때까지 끓인다.
⓬ 소금과 설탕으로 간을 한다.

죽 담아 완성하기

⓭ 흑임자죽의 그릇을 선택한다.
⓮ 그릇에 보기 좋게 흑임자죽을 담는다.

학습평가

학습내용	평가항목	성취수준		
		상	중	하
흑임자죽 재료 준비 및 전처리	흑임자죽의 재료를 계량할 수 있다.			
	재료를 각각 씻고, 불리기를 할 수 있다.			
	부재료는 조리방법에 맞게 손질할 수 있다.			
	조리방법에 따라 쌀 등 재료를 갈거나 분쇄할 수 있다.			
	돌솥, 압력솥, 냄비 등 사용할 도구를 선택하고 준비할 수 있다.			
흑임자죽 조리	흑임자죽의 조리시간과 방법을 조절할 수 있다.			
	조리도구, 조리법과 쌀, 잡곡의 재료의 특성에 따라 물의 양을 조절할 수 있다.			
	조리도구와 조리법에 맞도록 화력 조절, 가열시간을 조절할 수 있다.			
흑임자죽 담아 완성	흑임자죽의 그릇을 선택할 수 있다.			
	흑임자죽을 따뜻하게 담아낼 수 있다.			
	부재료를 얹거나 고명을 올려낼 수 있다.			

학습자 완성품 사진

일일 개인위생 점검표(입실준비)

점검일 :　　년　　월　　일　　　　　이름:

점검 항목	착용 및 실시 여부	점검결과		
		양호	보통	미흡
조리모				
두발의 형태에 따른 손질(머리망 등)				
조리복 상의				
조리복 바지				
앞치마				
스카프				
안전화				
손톱의 길이 및 매니큐어 여부				
반지, 시계, 팔찌 등				
짙은 화장				
향수				
손 씻기				
상처유무 및 적절한 조치				
흰색 행주 지참				
사이드 타월				
개인용 조리도구				

일일 위생 점검표(퇴실준비)

점검일 :　　년　　월　　일　　　　　이름

점검 항목	실시 여부	점검결과		
		양호	보통	미흡
그릇, 기물 세척 및 정리정돈				
기계, 도구, 장비 세척 및 정리정돈				
작업대 청소 및 물기 제거				
가스레인지 또는 인덕션 청소				
양념통 정리				
남은 재료 정리정돈				
음식 쓰레기 처리				
개수대 청소				
수도 주변 및 세제 관리				
바닥 청소				
청소도구 정리정돈				
전기 및 Gas 체크				

아욱죽

재료

- 불린 쌀 1컵
- 아욱 100g
- 마른 새우 30g
- 된장 1큰술
- 물 2컵
- 다진 대파 2작은술
- 다진 마늘 1작은술
- 후춧가루 1/5작은술
- 참기름 1½큰술
- 소금 1/2작은술

재료 확인하기

❶ 쌀, 아욱, 건새우 등의 품질 확인하기
❷ 쌀, 건새우에 섞여 있는 이물질 확인하여 선별하기

사용할 도구 선택하기

❸ 냄비, 주걱, 블렌더 등을 선택하여 준비한다.

재료 계량하기

❹ 각각의 재료 분량을 컵과 계량스푼, 저울로 계량하기
❺ 물을 계량한다.

죽의 재료 세척하기

❻ 쌀은 맑은 물이 나올 때까지 세척한다.
❼ 마른 새우는 흐르는 물에 씻어 물기를 제거한다.

죽 재료 불리기

❽ 세척한 쌀은 실온에서 2시간 불린다.

재료 준비하기

❾ 불린 쌀은 방망이로 두들겨 반싸라기를 만든다.
❿ 아욱은 줄기의 껍질을 벗기고 잎이 큰 것은 2~3등분으로 썰어서 조물조물 주물러 깨끗이 씻어 놓는다.

조리하기

⓫ 냄비에 물 4컵과 마른 새우를 넣어 육수를 만든다. 3컵이 되면 고운체에 걸러둔다.
⓬ 끓는 소금물에 아욱을 데쳐 찬물에 헹군다. 살짝 짜서 물기를 제거한다.
⓭ 냄비에 쌀과 참기름을 넣고 중불에서 볶다가 참기름이 잘 흡수되면 새우육수와 된장을 풀어 넣고 데친 아욱을 넣어 쌀이 퍼지도록 끓인다. 파, 마늘, 후춧가루를 넣고 끓여 간을 맞춘다.

죽 담아 완성하기

⓮ 아욱죽의 그릇을 선택한다.
⓯ 그릇에 보기 좋게 아욱죽을 담는다.

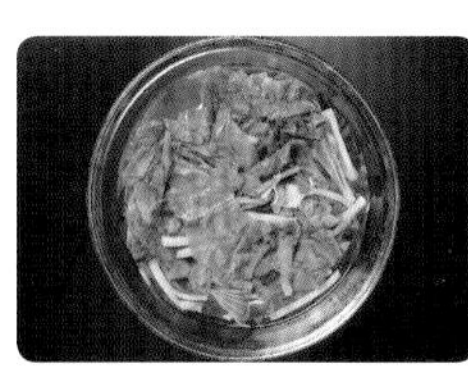

학습평가

학습내용	평가항목	성취수준		
		상	중	하
아욱죽 재료 준비 및 전처리	아욱죽의 재료를 계량할 수 있다.			
	재료를 각각 씻고, 불리기를 할 수 있다.			
	부재료는 조리방법에 맞게 손질할 수 있다.			
	조리방법에 따라 쌀 등 재료를 갈거나 분쇄할 수 있다.			
	돌솥, 압력솥, 냄비 등 사용할 도구를 선택하고 준비할 수 있다.			
아욱죽 조리	아욱죽의 조리시간과 방법을 조절할 수 있다.			
	조리도구, 조리법과 쌀, 잡곡의 재료의 특성에 따라 물의 양을 조절할 수 있다.			
	조리도구와 조리법에 맞도록 화력 조절, 가열시간을 조절할 수 있다.			
아욱죽 담아 완성	아욱죽의 그릇을 선택할 수 있다.			
	아욱죽을 따뜻하게 담아낼 수 있다.			
	부재료를 얹거나 고명을 올려낼 수 있다.			

학습자 완성품 사진

일일 개인위생 점검표(입실준비)

점검일 :　　년　　월　　일　　　　이름:				
점검 항목	착용 및 실시 여부	점검결과		
		양호	보통	미흡
조리모				
두발의 형태에 따른 손질(머리망 등)				
조리복 상의				
조리복 바지				
앞치마				
스카프				
안전화				
손톱의 길이 및 매니큐어 여부				
반지, 시계, 팔찌 등				
짙은 화장				
향수				
손 씻기				
상처유무 및 적절한 조치				
흰색 행주 지참				
사이드 타월				
개인용 조리도구				

일일 위생 점검표(퇴실준비)

점검일 :　　년　　월　　일　　　　이름				
점검 항목	실시 여부	점검결과		
		양호	보통	미흡
그릇, 기물 세척 및 정리정돈				
기계, 도구, 장비 세척 및 정리정돈				
작업대 청소 및 물기 제거				
가스레인지 또는 인덕션 청소				
양념통 정리				
남은 재료 정리정돈				
음식 쓰레기 처리				
개수대 청소				
수도 주변 및 세제 관리				
바닥 청소				
청소도구 정리정돈				
전기 및 Gas 체크				

김치죽

재료

- 배추김치 80g
- 불린 멥쌀 1/2컵
- 물 5컵
- 소금 약간
- 소고기 우둔 50g
- 참기름 1큰술
- 고춧가루 1/2작은술

고기양념

- 간장 1/2큰술
- 다진 대파 1/2작은술
- 다진 마늘 1/4작은술
- 깨소금 1/3작은술
- 후추 약간
- 참기름 1/2작은술

재료 확인하기

❶ 쌀, 배추김치, 소고기 등의 품질 확인하기

사용할 도구 선택하기

❷ 냄비, 주걱, 블렌더 등을 선택하여 준비한다.

재료 계량하기

❸ 각각의 재료 분량을 컵과 계량스푼, 저울로 계량하기
❹ 물을 계량한다.

죽의 재료 세척하기

❺ 쌀은 맑은 물이 나올 때까지 세척한다.

죽 재료 불리기

❻ 세척한 쌀은 실온에서 2시간 불린다.

조리하기

❼ 배추김치는 속을 털어내고 3cm×0.3×0.3cm로 채를 곱게 썬다.
❽ 소고기는 3cm×0.3cm×0.3cm로 채를 곱게 썬다.

조리하기

❾ 소고기는 고기양념을 한다.
❿ 냄비에 참기름을 두르고 배추김치, 소고기를 넣어 볶는다. 쌀을 넣어 볶고 물을 넣어 끓인다.
⓫ 쌀이 잘 퍼지면 소금으로 간을 한다.

죽 담아 완성하기

⓬ 김치죽의 그릇을 선택한다.
⓭ 그릇에 보기 좋게 김치죽을 담는다. 고춧가루를 고명으로 얹는다.

학습평가

학습내용	평가항목	성취수준		
		상	중	하
김치죽 재료 준비 및 전처리	김치죽의 재료를 계량할 수 있다.			
	재료를 각각 씻고, 불리기를 할 수 있다.			
	부재료는 조리방법에 맞게 손질할 수 있다.			
	조리방법에 따라 쌀 등 재료를 갈거나 분쇄할 수 있다.			
	돌솥, 압력솥, 냄비 등 사용할 도구를 선택하고 준비할 수 있다.			
김치죽 조리	김치죽의 조리시간과 방법을 조절할 수 있다.			
	조리도구, 조리법과 쌀, 잡곡의 재료의 특성에 따라 물의 양을 조절할 수 있다.			
	조리도구와 조리법에 맞도록 화력 조절, 가열시간을 조절할 수 있다.			
김치죽 담아 완성	김치죽의 그릇을 선택할 수 있다.			
	김치죽을 따뜻하게 담아낼 수 있다.			
	부재료를 얹거나 고명을 올려낼 수 있다.			

학습자 완성품 사진

일일 개인위생 점검표(입실준비)

점검일 : 　년　월　일	이름:			
점검 항목	착용 및 실시 여부	점검결과		
		양호	보통	미흡
조리모				
두발의 형태에 따른 손질(머리망 등)				
조리복 상의				
조리복 바지				
앞치마				
스카프				
안전화				
손톱의 길이 및 매니큐어 여부				
반지, 시계, 팔찌 등				
짙은 화장				
향수				
손 씻기				
상처유무 및 적절한 조치				
흰색 행주 지참				
사이드 타월				
개인용 조리도구				

일일 위생 점검표(퇴실준비)

점검일 : 　년　월　일	이름			
점검 항목	실시 여부	점검결과		
		양호	보통	미흡
그릇, 기물 세척 및 정리정돈				
기계, 도구, 장비 세척 및 정리정돈				
작업대 청소 및 물기 제거				
가스레인지 또는 인덕션 청소				
양념통 정리				
남은 재료 정리정돈				
음식 쓰레기 처리				
개수대 청소				
수도 주변 및 세제 관리				
바닥 청소				
청소도구 정리정돈				
전기 및 Gas 체크				

타락죽

재료

- 멥쌀 1/2컵
- 우유 3컵
- 물 4컵
- 소금 1/2작은술

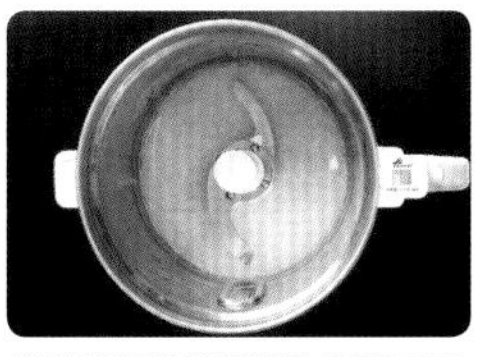

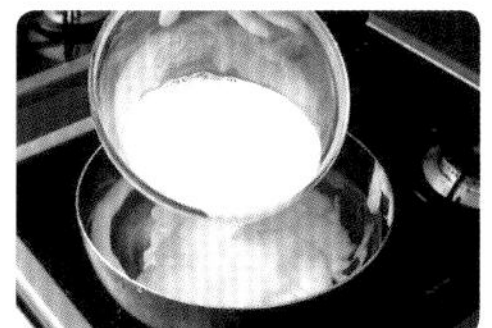

재료 확인하기

❶ 쌀, 우유의 품질 확인하기

사용할 도구 선택하기

❷ 냄비, 주걱, 블렌더 등을 선택하여 준비한다.

재료 계량하기

❸ 각각의 재료 분량을 컵과 계량스푼, 저울로 계량하기
❹ 물을 계량한다.

죽의 재료 세척하기

❺ 쌀은 맑은 물이 나올 때까지 세척한다.

죽 재료 불리기

❻ 세척한 쌀은 실온에서 2시간 불린다.

조리하기

❼ 멥쌀은 물 2컵을 넣어 갈아서 고운체에 거른다.
❽ 냄비에 간 쌀과 물을 넣어 주걱으로 저으면서 끓인다.
❾ 흰죽이 어우러지면 우유를 조금씩 넣으면서 멍울이 지지 않게 끓인다.
❿ 소금으로 간을 한다.

죽 담아 완성하기

⓫ 타락죽의 그릇을 선택한다.
⓬ 그릇에 보기 좋게 타락죽을 담는다.

학습평가

학습내용	평가항목	성취수준		
		상	중	하
타락죽 재료 준비 및 전처리	타락죽의 재료를 계량할 수 있다.			
	재료를 각각 씻고, 불리기를 할 수 있다.			
	부재료는 조리방법에 맞게 손질할 수 있다.			
	조리방법에 따라 쌀 등 재료를 갈거나 분쇄할 수 있다.			
	돌솥, 압력솥, 냄비 등 사용할 도구를 선택하고 준비할 수 있다.			
타락죽 조리	타락죽의 조리시간과 방법을 조절할 수 있다.			
	조리도구, 조리법과 쌀, 잡곡의 재료의 특성에 따라 물의 양을 조절할 수 있다.			
	조리도구와 조리법에 맞도록 화력 조절, 가열시간을 조절할 수 있다.			
타락죽 담아 완성	타락죽의 그릇을 선택할 수 있다.			
	타락죽을 따뜻하게 담아낼 수 있다.			
	부재료를 얹거나 고명을 올려낼 수 있다.			

학습자 완성품 사진

일일 개인위생 점검표(입실준비)

점검일 : 년 월 일 이름:				
점검 항목	착용 및 실시 여부	점검결과		
		양호	보통	미흡
조리모				
두발의 형태에 따른 손질(머리망 등)				
조리복 상의				
조리복 바지				
앞치마				
스카프				
안전화				
손톱의 길이 및 매니큐어 여부				
반지, 시계, 팔찌 등				
짙은 화장				
향수				
손 씻기				
상처유무 및 적절한 조치				
흰색 행주 지참				
사이드 타월				
개인용 조리도구				

일일 위생 점검표(퇴실준비)

점검일 : 년 월 일 이름				
점검 항목	실시 여부	점검결과		
		양호	보통	미흡
그릇, 기물 세척 및 정리정돈				
기계, 도구, 장비 세척 및 정리정돈				
작업대 청소 및 물기 제거				
가스레인지 또는 인덕션 청소				
양념통 정리				
남은 재료 정리정돈				
음식 쓰레기 처리				
개수대 청소				
수도 주변 및 세제 관리				
바닥 청소				
청소도구 정리정돈				
전기 및 Gas 체크				

콩나물죽

재료

- 불린 쌀 1컵
- 콩나물 100g
- 소고기 우둔 50g
- 간장 1/2작은술
- 물 5컵

고기양념

- 국간장 1/2작은술
- 다진 대파 1/2작은술
- 다진 마늘 1/4작은술
- 깨소금 1/3작은술
- 후추 약간
- 참기름 1/2작은술

재료 확인하기

❶ 쌀, 콩나물, 소고기 등의 품질 확인하기

사용할 도구 선택하기

❷ 냄비, 주걱 등을 선택하여 준비한다.

재료 계량하기

❸ 각각의 재료 분량을 컵과 계량스푼, 저울로 계량하기
❹ 물을 계량한다.

죽의 재료 준비하기

❺ 쌀은 맑은 물이 나올 때까지 세척한다.
❻ 세척한 쌀은 실온에서 2시간 불린다.
❼ 콩나물은 꼬리를 떼고 3~4cm 길이로 잘라서 깨끗이 씻어 놓는다.
❽ 소고기는 3cm×0.2cm×0.2cm로 채 썰기한다.

조리하기

❾ 소고기는 고기양념으로 버무린다.
❿ 냄비에 고기를 넣고 볶다가 쌀을 넣어 볶고 물을 부어 죽을 끓인다.
⓫ 쌀알이 잘 퍼지면 콩나물을 넣어 어우러지도록 죽을 끓인다.
⓬ 간장으로 간을 맞추어 한소끔 끓인다.

죽 담아 완성하기

⓭ 콩나물죽의 그릇을 선택한다.
⓮ 그릇에 보기 좋게 콩나물죽을 담는다.

학습평가

학습내용	평가항목	성취수준		
		상	중	하
콩나물죽 재료 준비 및 전처리	콩나물죽의 재료를 계량할 수 있다.			
	재료를 각각 씻고, 불리기를 할 수 있다.			
	부재료는 조리방법에 맞게 손질할 수 있다.			
	조리방법에 따라 쌀 등 재료를 갈거나 분쇄할 수 있다.			
	돌솥, 압력솥, 냄비 등 사용할 도구를 선택하고 준비할 수 있다.			
콩나물죽 조리	콩나물죽의 조리시간과 방법을 조절할 수 있다.			
	조리도구, 조리법과 쌀, 잡곡의 재료의 특성에 따라 물의 양을 조절할 수 있다.			
	조리도구와 조리법에 맞도록 화력 조절, 가열시간을 조절할 수 있다.			
콩나물죽 담아 완성	콩나물죽의 그릇을 선택할 수 있다.			
	콩나물죽을 따뜻하게 담아낼 수 있다.			
	부재료를 얹거나 고명을 올려낼 수 있다.			

학습자 완성품 사진

일일 개인위생 점검표(입실준비)

점검일 :　　년　　월　　일　　　　　이름:

점검 항목	착용 및 실시 여부	점검결과		
		양호	보통	미흡
조리모				
두발의 형태에 따른 손질(머리망 등)				
조리복 상의				
조리복 바지				
앞치마				
스카프				
안전화				
손톱의 길이 및 매니큐어 여부				
반지, 시계, 팔찌 등				
짙은 화장				
향수				
손 씻기				
상처유무 및 적절한 조치				
흰색 행주 지참				
사이드 타월				
개인용 조리도구				

일일 위생 점검표(퇴실준비)

점검일 :　　년　　월　　일　　　　　이름

점검 항목	실시 여부	점검결과		
		양호	보통	미흡
그릇, 기물 세척 및 정리정돈				
기계, 도구, 장비 세척 및 정리정돈				
작업대 청소 및 물기 제거				
가스레인지 또는 인덕션 청소				
양념통 정리				
남은 재료 정리정돈				
음식 쓰레기 처리				
개수대 청소				
수도 주변 및 세제 관리				
바닥 청소				
청소도구 정리정돈				
전기 및 Gas 체크				

호박죽

재료

- 늙은 호박 130g
- 물 3컵
- 삶은 팥 1큰술
- 찹쌀가루 3큰술
- 물 3큰술
- 설탕 1작은술
- 소금 1/3작은술

재료 확인하기

❶ 늙은 호박, 팥, 찹쌀가루 등의 품질 확인하기

사용할 도구 선택하기

❷ 냄비, 주걱 등을 선택하여 준비한다.

재료 계량하기

❸ 각각의 재료 분량을 컵과 계량스푼, 저울로 계량하기
❹ 물을 계량한다.

죽의 재료 준비하기

❺ 호박은 씻으면서 씨를 제거한다.
❻ 호박은 껍질부분이 없도록 완전히 벗겨서 얇게 썬다.
❼ 삶은 팥은 물에 헹궈둔다.

조리하기

❽ 얇게 썬 호박에 물 3컵을 붓고 무르도록 끓여서 체에 거른다.
❾ 찹쌀가루에 물 3큰술을 넣어 잘 풀어둔다.
❿ 삶아서 거른 호박을 냄비에 넣고 끓이다가 찹쌀가루 풀어 놓은 것을 넣어 끓인다. 팥을 넣어 한소끔 더 끓인다.
⓫ 설탕, 소금으로 간을 한다.

죽 담아 완성하기

⓬ 호박죽의 그릇을 선택한다.
⓭ 그릇에 보기 좋게 호박죽을 담는다.

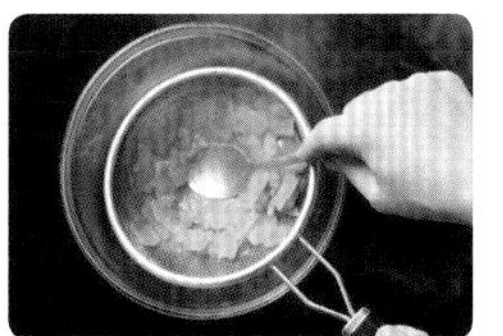

학습평가

학습내용	평가항목	성취수준		
		상	중	하
호박죽 재료 준비 및 전처리	호박죽의 재료를 계량할 수 있다.			
	재료를 각각 씻고, 불리기를 할 수 있다.			
	부재료는 조리방법에 맞게 손질할 수 있다.			
	조리방법에 따라 쌀 등 재료를 갈거나 분쇄할 수 있다.			
	돌솥, 압력솥, 냄비 등 사용할 도구를 선택하고 준비할 수 있다.			
호박죽 조리	호박죽의 조리시간과 방법을 조절할 수 있다.			
	조리도구, 조리법과 쌀, 잡곡의 재료의 특성에 따라 물의 양을 조절할 수 있다.			
	조리도구와 조리법에 맞도록 화력 조절, 가열시간을 조절할 수 있다.			
호박죽 담아 완성	호박죽의 그릇을 선택할 수 있다.			
	호박죽을 따뜻하게 담아낼 수 있다.			
	부재료를 얹거나 고명을 올려낼 수 있다.			

학습자 완성품 사진

일일 개인위생 점검표(입실준비)

점검일 : 년 월 일 이름:				
점검 항목	착용 및 실시 여부	점검결과		
		양호	보통	미흡
조리모				
두발의 형태에 따른 손질(머리망 등)				
조리복 상의				
조리복 바지				
앞치마				
스카프				
안전화				
손톱의 길이 및 매니큐어 여부				
반지, 시계, 팔찌 등				
짙은 화장				
향수				
손 씻기				
상처유무 및 적절한 조치				
흰색 행주 지참				
사이드 타월				
개인용 조리도구				

일일 위생 점검표(퇴실준비)

점검일 : 년 월 일 이름				
점검 항목	실시 여부	점검결과		
		양호	보통	미흡
그릇, 기물 세척 및 정리정돈				
기계, 도구, 장비 세척 및 정리정돈				
작업대 청소 및 물기 제거				
가스레인지 또는 인덕션 청소				
양념통 정리				
남은 재료 정리정돈				
음식 쓰레기 처리				
개수대 청소				
수도 주변 및 세제 관리				
바닥 청소				
청소도구 정리정돈				
전기 및 Gas 체크				

전복죽

재료

- 전복 1개(50g)
- 불린 멥쌀 1/2컵
- 참기름 1큰술
- 물 4컵
- 소금 1작은술

재료 확인하기

❶ 전복, 멥쌀 등의 품질 확인하기

사용할 도구 선택하기

❷ 냄비, 주걱 등을 선택하여 준비한다.

재료 계량하기

❸ 각각의 재료 분량을 컵과 계량스푼, 저울로 계량하기
❹ 물을 계량한다.

죽의 재료 준비하기

❺ 전복은 깨끗이 씻어 껍질과 내장을 제거한 후 솔로 해감을 말끔히 닦아낸다. 손질한 전복을 얇게 저며 썬다.
❻ 불린 쌀은 절구에 굵직하게 빻는다.

조리하기

❼ 냄비에 참기름을 넣어 전복과 멥쌀을 볶다가 물을 넣어 끓인다.
❽ 쌀알이 충분히 퍼지면 소금으로 간을 한다.

죽 담아 완성하기

❾ 전복죽의 그릇을 선택한다.
❿ 그릇에 보기 좋게 전복죽을 담는다.

학습평가

학습내용	평가항목	성취수준		
		상	중	하
전복죽 재료 준비 및 전처리	전복죽의 재료를 계량할 수 있다.			
	재료를 각각 씻고, 불리기를 할 수 있다.			
	부재료는 조리방법에 맞게 손질할 수 있다.			
	조리방법에 따라 쌀 등 재료를 갈거나 분쇄할 수 있다.			
	돌솥, 압력솥, 냄비 등 사용할 도구를 선택하고 준비할 수 있다.			
전복죽 조리	전복죽의 조리시간과 방법을 조절할 수 있다.			
	조리도구, 조리법과 쌀, 잡곡의 재료의 특성에 따라 물의 양을 조절할 수 있다.			
	조리도구와 조리법에 맞도록 화력 조절, 가열시간을 조절할 수 있다.			
전복죽 담아 완성	전복죽의 그릇을 선택할 수 있다.			
	전복죽을 따뜻하게 담아낼 수 있다.			
	부재료를 얹거나 고명을 올려낼 수 있다.			

학습자 완성품 사진

일일 개인위생 점검표(입실준비)

점검일 :　　년　　월　　일　　　　이름:				
점검 항목	착용 및 실시 여부	점검결과		
		양호	보통	미흡
조리모				
두발의 형태에 따른 손질(머리망 등)				
조리복 상의				
조리복 바지				
앞치마				
스카프				
안전화				
손톱의 길이 및 매니큐어 여부				
반지, 시계, 팔찌 등				
짙은 화장				
향수				
손 씻기				
상처유무 및 적절한 조치				
흰색 행주 지참				
사이드 타월				
개인용 조리도구				

일일 위생 점검표(퇴실준비)

점검일 :　　년　　월　　일　　　　이름				
점검 항목	실시 여부	점검결과		
		양호	보통	미흡
그릇, 기물 세척 및 정리정돈				
기계, 도구, 장비 세척 및 정리정돈				
작업대 청소 및 물기 제거				
가스레인지 또는 인덕션 청소				
양념통 정리				
남은 재료 정리정돈				
음식 쓰레기 처리				
개수대 청소				
수도 주변 및 세제 관리				
바닥 청소				
청소도구 정리정돈				
전기 및 Gas 체크				

홍합죽

재료

- 마른 홍합 1/4컵
- 불린 쌀 1/3컵
- 물(육수) 3컵
- 참기름 1½작은술
- 다진 대파 1/2작은술
- 다진 마늘 1/2작은술
- 간장 1/6작은술
- 후춧가루 약간
- 소금 약간

재료 확인하기

❶ 마른 홍합, 쌀 등의 품질 확인하기

사용할 도구 선택하기

❷ 냄비, 주걱 등을 선택하여 준비한다.

재료 계량하기

❸ 각각의 재료 분량을 컵과 계량스푼, 저울로 계량하기
❹ 물을 계량한다.

죽의 재료 준비하기

❺ 마른 홍합은 2시간 정도 불려 깨끗이 손질하고 4-5등분으로 잘게 썬다.
❻ 불린 쌀은 반 정도 되게 굵게 부숴 놓는다.

조리하기

❼ 바닥이 두꺼운 냄비에 손질한 홍합과 참기름을 넣고 볶다가 분량의 물을 넣고 푹 끓여 홍합국물이 잘 우러나도록 끓인다. 육수가 3컵이 되도록 한다.
❽ 홍합육수에 쌀을 넣어 끓인다.
❾ 쌀이 잘 퍼지기 시작하면 대파, 마늘을 넣고 간장으로 색을 내고 소금, 후추로 간을 맞추어 한소끔 끓여낸다.

죽 담아 완성하기

❿ 홍합죽의 그릇을 선택한다.
⓫ 그릇에 보기 좋게 홍합죽을 담는다.

학습평가

학습내용	평가항목	성취수준		
		상	중	하
홍합죽 재료 준비 및 전처리	홍합죽의 재료를 계량할 수 있다.			
	재료를 각각 씻고, 불리기를 할 수 있다.			
	부재료는 조리방법에 맞게 손질할 수 있다.			
	조리방법에 따라 쌀 등 재료를 갈거나 분쇄할 수 있다.			
	돌솥, 압력솥, 냄비 등 사용할 도구를 선택하고 준비할 수 있다.			
홍합죽 조리	홍합죽의 조리시간과 방법을 조절할 수 있다.			
	조리도구, 조리법과 쌀, 잡곡의 재료의 특성에 따라 물의 양을 조절할 수 있다.			
	조리도구와 조리법에 맞도록 화력 조절, 가열시간을 조절할 수 있다.			
홍합죽 담아 완성	홍합죽의 그릇을 선택할 수 있다.			
	홍합죽을 따뜻하게 담아낼 수 있다.			
	부재료를 얹거나 고명을 올려낼 수 있다.			

학습자 완성품 사진

일일 개인위생 점검표(입실준비)

점검일 :　　년　　월　　일　　　　이름:				
점검 항목	착용 및 실시 여부	점검결과		
		양호	보통	미흡
조리모				
두발의 형태에 따른 손질(머리망 등)				
조리복 상의				
조리복 바지				
앞치마				
스카프				
안전화				
손톱의 길이 및 매니큐어 여부				
반지, 시계, 팔찌 등				
짙은 화장				
향수				
손 씻기				
상처유무 및 적절한 조치				
흰색 행주 지참				
사이드 타월				
개인용 조리도구				

일일 위생 점검표(퇴실준비)

점검일 :　　년　　월　　일　　　　이름				
점검 항목	실시 여부	점검결과		
		양호	보통	미흡
그릇, 기물 세척 및 정리정돈				
기계, 도구, 장비 세척 및 정리정돈				
작업대 청소 및 물기 제거				
가스레인지 또는 인덕션 청소				
양념통 정리				
남은 재료 정리정돈				
음식 쓰레기 처리				
개수대 청소				
수도 주변 및 세제 관리				
바닥 청소				
청소도구 정리정돈				
전기 및 Gas 체크				

호두죽

재료

- 찹쌀 1/2컵
- 호두 50g
- 대추 25g
- 물 4컵
- 소금 1/5작은술
- 설탕 약간

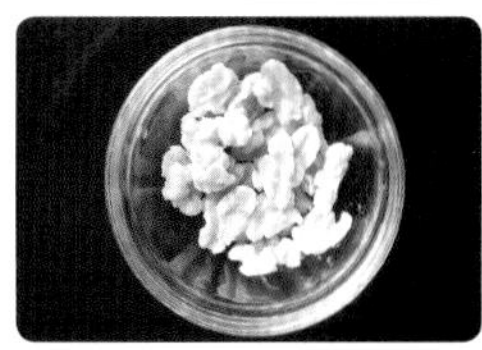

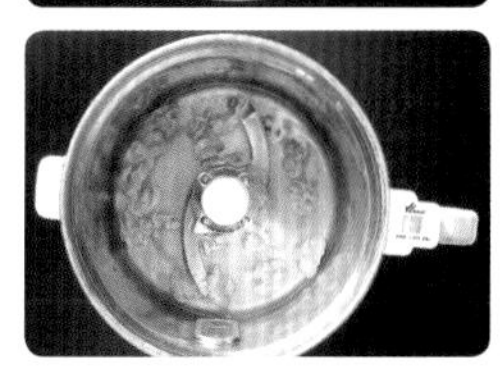
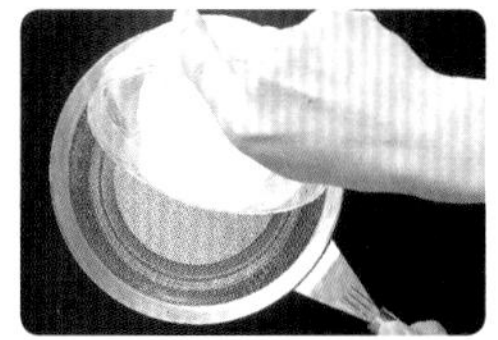

재료 확인하기

❶ 찹쌀, 호두, 대추 등의 품질 확인하기

사용할 도구 선택하기

❷ 냄비, 주걱 등을 선택하여 준비한다.

재료 계량하기

❸ 각각의 재료 분량을 컵과 계량스푼, 저울로 계량하기
❹ 물을 계량한다.

죽의 재료 준비하기

❺ 찹쌀을 깨끗하게 씻어 불린 다음 물 1컵을 넣어 곱게 갈아 체에 거른다.
❻ 호두는 물을 끓여 한 김 나가면 10분 정도 담가 놓았다가 물을 버리고 껍질을 벗긴 다음 물 1/2컵을 넣어 곱게 갈에 체에 거른다.
❼ 대추는 흐르는 물에 씻는다.

조리하기

❽ 씻은 대추는 물 1/2컵을 넣고 무르게 푹 삶아 체에 거른다.
❾ 냄비에 찹쌀 거른 것과 물 2컵을 넣고 저으면서 끓이고, 호두 간 것과 대추 삶아 거른 것을 넣어 잘 어우러지게 저으면서 끓인다.
❿ 소금과 설탕으로 간을 한다.

죽 담아 완성하기

⓫ 호두죽의 그릇을 선택한다.
⓬ 그릇에 보기 좋게 호두죽을 담는다.

학습평가

학습내용	평가항목	성취수준		
		상	중	하
호두죽 재료 준비 및 전처리	호두죽의 재료를 계량할 수 있다.			
	재료를 각각 씻고, 불리기를 할 수 있다.			
	부재료는 조리방법에 맞게 손질할 수 있다.			
	조리방법에 따라 쌀 등 재료를 갈거나 분쇄할 수 있다.			
	돌솥, 압력솥, 냄비 등 사용할 도구를 선택하고 준비할 수 있다.			
호두죽 조리	호두죽의 조리시간과 방법을 조절할 수 있다.			
	조리도구, 조리법과 쌀, 잡곡의 재료의 특성에 따라 물의 양을 조절할 수 있다.			
	조리도구와 조리법에 맞도록 화력 조절, 가열시간을 조절할 수 있다.			
호두죽 담아 완성	호두죽의 그릇을 선택할 수 있다.			
	호두죽을 따뜻하게 담아낼 수 있다.			
	부재료를 얹거나 고명을 올려낼 수 있다.			

학습자 완성품 사진

일일 개인위생 점검표(입실준비)

점검일 :　　년　　월　　일　　이름:				
점검 항목	착용 및 실시 여부	점검결과		
		양호	보통	미흡
조리모				
두발의 형태에 따른 손질(머리망 등)				
조리복 상의				
조리복 바지				
앞치마				
스카프				
안전화				
손톱의 길이 및 매니큐어 여부				
반지, 시계, 팔찌 등				
짙은 화장				
향수				
손 씻기				
상처유무 및 적절한 조치				
흰색 행주 지참				
사이드 타월				
개인용 조리도구				

일일 위생 점검표(퇴실준비)

점검일 :　　년　　월　　일　　이름				
점검 항목	실시 여부	점검결과		
		양호	보통	미흡
그릇, 기물 세척 및 정리정돈				
기계, 도구, 장비 세척 및 정리정돈				
작업대 청소 및 물기 제거				
가스레인지 또는 인덕션 청소				
양념통 정리				
남은 재료 정리정돈				
음식 쓰레기 처리				
개수대 청소				
수도 주변 및 세제 관리				
바닥 청소				
청소도구 정리정돈				
전기 및 Gas 체크				

옥수수죽

재료

- 옥수수 1컵
- 불린 쌀 1/3컵
- 소금 1/2작은술
- 물 4컵
- 설탕 2큰술

재료 확인하기

❶ 옥수수, 쌀 등의 품질 확인하기

사용할 도구 선택하기

❷ 냄비, 주걱 등을 선택하여 준비한다.

재료 계량하기

❸ 각각의 재료 분량을 컵과 계량스푼, 저울로 계량하기
❹ 물을 계량한다.

죽의 재료 준비하기

❺ 2시간 정도 불린 쌀은 블렌더에 물 1컵과 함께 곱게 갈아 체에 거른다.
❻ 옥수수도 물 2컵과 함께 곱게 갈아 체에 거른다.

조리하기

❼ 냄비에 남은 분량의 물과 옥수수물을 함께 넣고 끓이다가 갈아 놓은 쌀을 넣어 함께 끓인다.
❽ 죽이 잘 끓으면 소금, 설탕으로 간을 한다.

죽 담아 완성하기

❾ 옥수수죽의 그릇을 선택한다.
❿ 그릇에 보기 좋게 옥수수죽을 담는다.

학습평가

학습내용	평가항목	성취수준		
		상	중	하
옥수수죽 재료 준비 및 전처리	옥수수죽의 재료를 계량할 수 있다.			
	재료를 각각 씻고, 불리기를 할 수 있다.			
	부재료는 조리방법에 맞게 손질할 수 있다.			
	조리방법에 따라 쌀 등 재료를 갈거나 분쇄할 수 있다.			
	돌솥, 압력솥, 냄비 등 사용할 도구를 선택하고 준비할 수 있다.			
옥수수죽 조리	옥수수죽의 조리시간과 방법을 조절할 수 있다.			
	조리도구, 조리법과 쌀, 잡곡의 재료의 특성에 따라 물의 양을 조절할 수 있다.			
	조리도구와 조리법에 맞도록 화력 조절, 가열시간을 조절할 수 있다.			
옥수수죽 담아 완성	옥수수죽의 그릇을 선택할 수 있다.			
	옥수수죽을 따뜻하게 담아낼 수 있다.			
	부재료를 얹거나 고명을 올려낼 수 있다.			

학습자 완성품 사진

일일 개인위생 점검표(입실준비)

점검일 : 년 월 일 이름:				
점검 항목	착용 및 실시 여부	점검결과		
		양호	보통	미흡
조리모				
두발의 형태에 따른 손질(머리망 등)				
조리복 상의				
조리복 바지				
앞치마				
스카프				
안전화				
손톱의 길이 및 매니큐어 여부				
반지, 시계, 팔찌 등				
짙은 화장				
향수				
손 씻기				
상처유무 및 적절한 조치				
흰색 행주 지참				
사이드 타월				
개인용 조리도구				

일일 위생 점검표(퇴실준비)

점검일 : 년 월 일 이름				
점검 항목	실시 여부	점검결과		
		양호	보통	미흡
그릇, 기물 세척 및 정리정돈				
기계, 도구, 장비 세척 및 정리정돈				
작업대 청소 및 물기 제거				
가스레인지 또는 인덕션 청소				
양념통 정리				
남은 재료 정리정돈				
음식 쓰레기 처리				
개수대 청소				
수도 주변 및 세제 관리				
바닥 청소				
청소도구 정리정돈				
전기 및 Gas 체크				

호박범벅

재료

- 늙은 호박(껍질 벗겨서) 200g
- 설탕 2큰술
- 물 4컵
- 소금 1/3작은술
- 콩(풋콩 등) 3큰술
- 팥 3큰술
- 손질 고구마 70g
- 밤 3개
- 찹쌀가루 1/2컵(50g)
- 찹쌀가루 반죽용 물 1/2컵

재료 확인하기

❶ 늙은 호박, 콩, 고구마, 밤 등의 품질 확인하기

사용할 도구 선택하기

❷ 냄비, 주걱 등을 선택하여 준비한다.

재료 계량하기

❸ 각각의 재료 분량을 컵과 계량스푼, 저울로 계량하기
❹ 물을 계량한다.

죽의 재료 준비하기

❺ 호박은 껍질을 벗겨 얇게 썬다.
❻ 팥은 씻어 일어 물을 넉넉히 붓고 한소끔 끓으면 첫물을 버리고, 다시 물을 부어 푹 삶는다.
❼ 고구마는 1cm×1cm 크기로 썬다.
❽ 밤은 껍질을 벗겨 6등분으로 썬다.
❾ 찹쌀가루에 물을 넣어 잘 섞어둔다.

조리하기

❿ 냄비에 호박, 물을 넣어 무르게 끓인다. 콩, 고구마, 밤을 넣어 함께 끓인다.
⓫ 재료가 익으면 찹쌀가루물을 넣어 나무주걱으로 저으면서 끓인다.
⓬ 소금으로 간을 한다.

죽 담아 완성하기

⓭ 범벅의 그릇을 선택한다.
⓮ 그릇에 보기 좋게 범벅을 담는다.

학습평가

학습내용	평가항목	성취수준		
		상	중	하
범벅 재료 준비 및 전처리	범벅의 재료를 계량할 수 있다.			
	재료를 각각 씻고, 불리기를 할 수 있다.			
	부재료는 조리방법에 맞게 손질할 수 있다.			
	조리방법에 따라 쌀 등 재료를 갈거나 분쇄할 수 있다.			
	돌솥, 압력솥, 냄비 등 사용할 도구를 선택하고 준비할 수 있다.			
범벅 조리	범벅의 조리시간과 방법을 조절할 수 있다.			
	조리도구, 조리법과 쌀, 잡곡의 재료의 특성에 따라 물의 양을 조절할 수 있다.			
	조리도구와 조리법에 맞도록 화력 조절, 가열시간을 조절할 수 있다.			
범벅 담아 완성	범벅의 그릇을 선택할 수 있다.			
	범벅을 따뜻하게 담아낼 수 있다.			
	부재료를 얹거나 고명을 올려낼 수 있다.			

학습자 완성품 사진

일일 개인위생 점검표(입실준비)

점검일 :　　년　　월　　일　　　이름:				
점검 항목	착용 및 실시 여부	점검결과		
		양호	보통	미흡
조리모				
두발의 형태에 따른 손질(머리망 등)				
조리복 상의				
조리복 바지				
앞치마				
스카프				
안전화				
손톱의 길이 및 매니큐어 여부				
반지, 시계, 팔찌 등				
짙은 화장				
향수				
손 씻기				
상처유무 및 적절한 조치				
흰색 행주 지참				
사이드 타월				
개인용 조리도구				

일일 위생 점검표(퇴실준비)

점검일 :　　년　　월　　일　　　이름				
점검 항목	실시 여부	점검결과		
		양호	보통	미흡
그릇, 기물 세척 및 정리정돈				
기계, 도구, 장비 세척 및 정리정돈				
작업대 청소 및 물기 제거				
가스레인지 또는 인덕션 청소				
양념통 정리				
남은 재료 정리정돈				
음식 쓰레기 처리				
개수대 청소				
수도 주변 및 세제 관리				
바닥 청소				
청소도구 정리정돈				
전기 및 Gas 체크				

콩나물밥

조리기능사 실기 품목

시험시간 30분

재료

- 멥쌀(30분 정도 불린 것) 150g
- 소고기 우둔살 30g
- 콩나물 60g
- 물

양념장

- 간장 1작은술
- 대파 4cm 20g
- 깐 마늘 1개
- 참기름 1작은술

재료 확인하기

❶ 쌀의 품질 확인하기
❷ 쌀에 섞여 있는 이물질 확인하여 선별하기
❸ 콩나물, 대파, 마늘 등의 품질 확인하기

사용할 도구 선택하기

❹ 돌솥, 압력솥, 냄비 등을 선택하여 준비한다.

재료 계량하기

❺ 각각의 재료 분량을 컵과 계량스푼, 저울로 계량하기
❻ 물을 계량한다.

밥의 재료 세척하기

❼ 쌀은 맑은 물이 나올 때까지 세척한다.

밥 재료 불리기

❽ 세척한 쌀은 실온에서 20~30분간 불린다.

재료 준비하기

❾ 마늘과 대파는 씻어서 물기를 제거하고, 곱게 다진다.
❿ 소고기는 5cm×0.2cm×0.2cm 길이로 채를 썬다.
⓫ 콩나물은 꼬리를 다듬고 씻는다.

조리하기

⓬ 썰어 놓은 소고기는 다진 대파, 다진 마늘, 간장, 참기름으로 양념을 한다.
⓭ 냄비에 불린 쌀, 고기, 콩나물, 밥물을 넣어 밥을 짓는다. 센 불로 끓여 중불로 줄인다. 중간에 뚜껑을 열면 콩나물 비린내가 나므로 열지 않아야 하며, 한 번 끓어오르면 불을 줄여 약한 불로 뜸을 들인다.

밥 담아 완성하기

⓮ 콩나물밥 담을 그릇을 선택한다.
⓯ 밥을 따뜻하게 담아낸다.

요구사항

※ 주어진 재료를 사용하여 다음과 같이 콩나물밥을 만드시오.

가. 콩나물은 꼬리를 다듬고 소고기는 채 썰어 간장양념을 하시오.

나. 쌀과 함께 밥을 지어 전량 제출하시오.

수험자 유의사항

1) 콩나물 손질 시 폐기량이 많지 않도록 한다.
2) 소고기는 굵기와 크기에 유의한다.
3) 밥물 및 불조절과 완성된 밥의 상태에 유의한다.
4) 조리작품 만드는 순서는 틀리지 않게 하여야 한다.
5) 숙련된 기능으로 맛을 내야 하므로 조리작업 시 음식의 맛을 보지 않는다.
6) 지정된 수험자지참준비물 이외의 조리기구나 재료를 시험장 내에 지참할 수 없다.
7) 지급재료는 시험 전 확인하여 이상이 있을 경우 시험위원으로부터 조치를 받고 시험도중에는 재료의 교환 및 추가지급은 하지 않는다.
8) 다음과 같은 경우에는 채점대상에서 제외한다.
   가) 시험시간 내에 과제 두 가지를 제출하지 못한 경우 : 미완성
   나) 시험시간 내에 제출된 과제라도 다음과 같은 경우
      (1) 문제의 요구사항대로 작품의 수량이 만들어지지 않은 경우 : 미완성
      (2) 해당과제의 지급재료 이외의 재료를 사용한 경우 : 오작
      (3) 구이를 찜으로 조리하는 등과 같이 조리방법을 다르게 한 경우 : 오작
      (4) 불을 사용하여 만든 조리작품이 작품특성에 벗어나는 정도로 타거나 익지 않은 경우 : 실격
      (5) 가스레인지 화구 2개 이상 사용한 경우 : 실격
      (6) 시험 중 시설 · 장비(칼, 가스레인지 등) 사용 시 감독위원 및 타 수험자의 시험 진행에 위협이 될 것으로 감독위원 전원이 합의하여 판단한 경우 : 실격
9) 항목별 배점은 위생상태 및 안전관리 5점, 조리기술 30점, 작품의 평가 15점이다.

학습평가

학습내용	평가항목	성취수준		
		상	중	하
콩나물밥 재료 준비 및 전처리	콩나물밥의 재료들을 계량할 수 있다.			
	재료를 각각 씻고, 불리기를 할 수 있다.			
	돌솥, 압력솥, 냄비 등 사용할 도구를 선택하고 준비할 수 있다.			
	부재료는 전처리 방법에 맞게 할 수 있다.			
콩나물밥 조리	콩나물밥의 조리시간과 방법을 조절할 수 있다.			
	콩나물밥 물의 양을 가감할 수 있다.			
	조리도구와 조리법에 맞도록 화력 조절, 가열시간 조절, 뜸들이기를 할 수 있다.			
콩나물밥 담아 완성	콩나물밥의 그릇을 선택할 수 있다.			
	밥을 따뜻하게 담아낼 수 있다.			

학습자 완성품 사진

일일 개인위생 점검표(입실준비)

점검일 :　　년　　월　　일　　　　　이름:				
점검 항목	착용 및 실시 여부	점검결과		
		양호	보통	미흡
조리모				
두발의 형태에 따른 손질(머리망 등)				
조리복 상의				
조리복 바지				
앞치마				
스카프				
안전화				
손톱의 길이 및 매니큐어 여부				
반지, 시계, 팔찌 등				
짙은 화장				
향수				
손 씻기				
상처유무 및 적절한 조치				
흰색 행주 지참				
사이드 타월				
개인용 조리도구				

일일 위생 점검표(퇴실준비)

점검일 :　　년　　월　　일　　　　　이름				
점검 항목	실시 여부	점검결과		
		양호	보통	미흡
그릇, 기물 세척 및 정리정돈				
기계, 도구, 장비 세척 및 정리정돈				
작업대 청소 및 물기 제거				
가스레인지 또는 인덕션 청소				
양념통 정리				
남은 재료 정리정돈				
음식 쓰레기 처리				
개수대 청소				
수도 주변 및 세제 관리				
바닥 청소				
청소도구 정리정돈				
전기 및 Gas 체크				

memo

비빔밥

조리기능사 실기 품목

시험시간 50분

재료

- 멥쌀(30분 정도 불린 쌀) 150g
- 소고기 우둔 30g
- 애호박(길이 6cm) 60g
- 도라지(찢은 것) 20g
- 삶은 고사리 30g
- 청포묵(길이 6cm) 40g
- 다시마(5×5cm) 1장
- 달걀 1개 • 고추장 40g
- 식용유 30ml
- 대파(4cm, 흰 부분) 20g
- 깐 마늘 1개 • 진간장 15ml
- 흰 설탕 15g • 깨소금 5g
- 후춧가루 1g • 참기름 5ml
- 꽃소금 10g

재료 확인하기

❶ 쌀의 품질 확인하기
❷ 쌀에 섞여 있는 이물질 확인하여 선별하기
❸ 소고기, 애호박, 고사리, 도라지, 청포묵, 대파, 마늘 등의 품질 확인하기

사용할 도구 선택하기

❹ 돌솥, 압력솥, 냄비, 프라이팬, 나무젓가락 등을 선택하여 준비한다.

재료 계량하기

❺ 각각의 재료 분량을 컵과 계량스푼, 저울로 계량하기
❻ 물을 계량한다.

밥의 재료 세척하기

❼ 쌀은 맑은 물이 나올 때까지 세척한다.

밥 재료 불리기

❽ 세척한 쌀은 실온에서 20~30분간 불린다.

재료 준비하기

❾ 마늘과 대파는 씻어서 물기를 제거하고, 곱게 다진다.
❿ 소고기 20g은 5cm×0.3cm×0.3cm로 채를 썰고, 10g은 곱게 다진다.
⓫ 호박은 돌려깎기하여 5cm×0.3cm×0.3cm로 채를 썬다.
⓬ 도라지는 5cm×0.3cm×0.3cm 길이로 썰어 소금으로 자박자박 주물러 씻는다.
⓭ 고사리는 5cm 길이로 썬다.
⓮ 청포묵은 5cm×0.5cm×0.5cm 길이로 썬다.
⓯ 달걀은 황백으로 나누어 소금으로 간을 하여 체에 내린다.

조리하기

⓰ 흰밥을 짓는다.
⓱ 애호박은 소금에 살짝 절인다. 절여지면 달구어진 팬에 식용유를 두르고 다진 대파, 다진 마늘을 넣어 볶는다.
⓲ 도라지는 달구어진 팬에 식용유를 두르고 다진 대파, 다진 마늘을 넣어 볶는다.
⓳ 고사리는 끓는 물에 데쳐, 달구어진 팬에 식용유를 두르고, 간장, 다진 대파, 다진 마늘을 넣어 볶는다.
⓴ 소고기는 간장, 다진 대파, 다진 마늘, 흰 설탕, 후춧가루, 깨소금, 참기름을 넣어 양념하고, 달구어진 팬에 식용유를 두르고 볶는다.
㉑ 달걀은 황백으로 지단을 부치고, 5cm×0.3cm×0.3cm로 채를 썬다.
㉒ 청포묵은 끓는 물에 데쳐서, 찬물에 헹군 다음 간장, 소금, 깨소금, 참기름을 넣어 비무린다.
㉓ 다시마는 기름에 튀겨 먹기 좋게 부순다.
㉔ 다진 고기에 설탕, 후춧가루, 다진 대파, 다진 마늘, 깨소금, 참기름을 넣어 양념을 하고 팬에 볶는다. 고기가 익으면 물 2큰술을 넣어 끓이고, 고추장을 넣어 볶는다.

밥 담아 완성하기

㉕ 비빔밥 담을 그릇을 선택한다.
㉖ 그릇 중앙에 흰밥을 담고, 그 위에 준비된 재료를 보기 좋게 얹은 다음 볶은 고추장과 튀긴 다시마는 맨 위에 담는다.

요구사항

※ 주어진 재료를 사용하여 다음과 같이 비빔밥을 만드시오.

가. 채소, 소고기, 황 · 백지단의 크기는 0.3cm×0.3cm×5cm로 써시오.
(단, 지급된 재료의 크기에 따라 가감한다.)

나. 호박은 돌려깎기하여 0.3cm×0.3cm×5cm로 써시오.

다. 청포묵의 크기는 0.5cm×0.5cm×5cm로 써시오.

라. 밥을 담은 위에 준비된 재료들을 색 맞추어 돌려 담으시오.

마. 볶은 고추장은 완성된 밥 위에 얹어 내시오.

수험자 유의사항

1) 밥은 질지 않게 짓는다.
2) 지급된 소고기는 고추장 볶음과 고명으로 나누어 사용한다.
3) 조리작품 만드는 순서는 틀리지 않게 하여야 한다.
4) 숙련된 기능으로 맛을 내야 하므로 조리작업 시 음식의 맛을 보지 않는다.
5) 지정된 수험자지참준비물 이외의 조리기구나 재료를 시험장 내에 지참할 수 없다.
6) 지급재료는 시험 전 확인하여 이상이 있을 경우 시험위원으로부터 조치를 받고 시험도중에는 재료의 교환 및 추가지급은 하지 않는다.
7) 다음과 같은 경우에는 채점대상에서 제외한다.
   가) 시험시간 내에 과제 두 가지를 제출하지 못한 경우 : 미완성
   나) 시험시간 내에 제출된 과제라도 다음과 같은 경우
      (1) 문제의 요구사항대로 작품의 수량이 만들어지지 않은 경우 : 미완성
      (2) 해당과제의 지급재료 이외의 재료를 사용한 경우 : 오작
      (3) 구이를 찜으로 조리하는 등과 같이 조리방법을 다르게 한 경우 : 오작
      (4) 불을 사용하여 만든 조리작품이 작품특성에 벗어나는 정도로 타거나 익지 않은 경우 : 실격
      (5) 가스레인지 화구 2개 이상 사용한 경우 : 실격
      (6) 시험 중 시설 · 장비(칼, 가스레인지 등) 사용 시 감독위원 및 타 수험자의 시험 진행에 위협이 될 것으로 감독위원 전원이 합의하여 판단한 경우 : 실격
8) 항목별 배점은 위생상태 및 안전관리 5점, 조리기술 30점, 작품의 평가 15점이다.

학습평가

학습내용	평가항목	성취수준		
		상	중	하
비빔밥 재료 준비 및 전처리	비빔밥의 재료를 계량할 수 있다.			
	재료를 각각 씻고, 불리기를 할 수 있다.			
	부재료는 조리방법에 맞게 손질할 수 있다.			
	돌솥, 압력솥, 냄비 등 사용할 도구를 선택하고 준비할 수 있다.			
비빔밥 조리	비빔밥의 조리시간과 방법을 조절할 수 있다.			
	흰밥의 물에 양을 가감할 수 있다.			
	부재료를 조리방법에 맞게 조리할 수 있다.			
	조리도구와 조리법에 맞도록 화력 조절, 가열시간 조절, 뜸들이기를 할 수 있다.			
비빔밥 담아 완성	비빔밥의 그릇을 선택할 수 있다.			
	비빔밥을 따뜻하게 담아낼 수 있다.			
	부재료를 얹거나 고명을 올려낼 수 있다.			

학습자 완성품 사진

일일 개인위생 점검표(입실준비)

점검일 :　　년　　월　　일　　　　이름:				
점검 항목	착용 및 실시 여부	점검결과		
		양호	보통	미흡
조리모				
두발의 형태에 따른 손질(머리망 등)				
조리복 상의				
조리복 바지				
앞치마				
스카프				
안전화				
손톱의 길이 및 매니큐어 여부				
반지, 시계, 팔찌 등				
짙은 화장				
향수				
손 씻기				
상처유무 및 적절한 조치				
흰색 행주 지참				
사이드 타월				
개인용 조리도구				

일일 위생 점검표(퇴실준비)

점검일 :　　년　　월　　일　　　　이름				
점검 항목	실시 여부	점검결과		
		양호	보통	미흡
그릇, 기물 세척 및 정리정돈				
기계, 도구, 장비 세척 및 정리정돈				
작업대 청소 및 물기 제거				
가스레인지 또는 인덕션 청소				
양념통 정리				
남은 재료 정리정돈				
음식 쓰레기 처리				
개수대 청소				
수도 주변 및 세제 관리				
바닥 청소				
청소도구 정리정돈				
전기 및 Gas 체크				

memo

장국죽

조리기능사 실기 품목

시험시간 30분

재료

- 멥쌀(30분 정도 불린 쌀) 100g
- 소고기 우둔 20g
- 마른 표고버섯(물에 불려서) 1장
- 대파(4cm 정도) 20g
- 깐 마늘 1개
- 진간장 10ml
- 깨소금 1작은술
- 후춧가루 1g
- 참기름 10ml
- 국간장 10ml

재료 확인하기

❶ 쌀의 품질 확인하기
❷ 쌀에 섞여 있는 이물질 확인하여 선별하기
❸ 소고기, 마른 표고버섯, 대파, 마늘 등의 품질 확인하기

사용할 도구 선택하기

❹ 냄비, 나무주걱 등을 선택하여 준비한다.

재료 계량하기

❺ 각각의 재료 분량을 컵과 계량스푼, 저울로 계량하기

죽의 재료 세척하기

❻ 쌀은 맑은 물이 나올 때까지 세척한다.

죽 재료 불리기

❼ 세척한 쌀은 실온에서 2시간 불린다.
❽ 마른 표고버섯을 미지근한 물에 불린다.

재료 준비하기

❾ 대파, 마늘은 곱게 다진다.
❿ 불린 쌀은 반 정도로 싸라기를 만든다.
⓫ 소고기는 곱게 다진다.
⓬ 표고버섯은 3cm×0.3cm×0.3cm로 채를 썬다.

조리하기

⓭ 곱게 다진 소고기, 채 썬 표고버섯은 간장, 대파, 마늘, 깨소금, 후춧가루, 참기름으로 양념을 한다.
⓮ 팬에 참기름을 두르고 소고기, 표고버섯을 볶고, 불린 쌀을 넣어 볶는다. 쌀알이 투명하게 볶아지면 물을 넣어 끓인다.
⓯ 국간장으로 간을 한다.

죽 담아 완성하기

⓰ 장국죽의 그릇을 선택한다.
⓱ 그릇에 보기 좋게 장국죽을 담는다.

요구사항

※ 주어진 재료를 사용하여 다음과 같이 장국죽을 만드시오.

가. 불린 쌀을 반정도로 싸라기를 만들어 죽을 쑤시오.

나. 소고기는 다지고 불린 표고는 3cm 정도의 길이로 채 써시오.
(단, 지급된 재료의 크기에 따라 가감한다.)

수험자 유의사항

1) 쌀과 국물이 잘 어우러지도록 쑨다.
2) 간을 맞추는 시기에 유의한다.
3) 조리작품 만드는 순서는 틀리지 않게 하여야 한다.
4) 숙련된 기능으로 맛을 내야 하므로 조리작업 시 음식의 맛을 보지 않는다.
5) 지정된 수험자지참준비물 이외의 조리기구나 재료를 시험장 내에 지참할 수 없다.
6) 지급재료는 시험 전 확인하여 이상이 있을 경우 시험위원으로부터 조치를 받고 시험도중에는 재료의 교환 및 추가지급은 하지 않는다.
7) 다음과 같은 경우에는 채점대상에서 제외한다.
   가) 시험시간 내에 과제 두 가지를 제출하지 못한 경우 : 미완성
   나) 시험시간 내에 제출된 과제라도 다음과 같은 경우
      (1) 문제의 요구사항대로 작품의 수량이 만들어지지 않은 경우 : 미완성
      (2) 해당과제의 지급재료 이외의 재료를 사용한 경우 : 오작
      (3) 구이를 찜으로 조리하는 등과 같이 조리방법을 다르게 한 경우 : 오작
      (4) 불을 사용하여 만든 조리작품이 작품특성에 벗어나는 정도로 타거나 익지 않은 경우 : 실격
      (5) 가스레인지 화구 2개 이상 사용한 경우 : 실격
      (6) 시험 중 시설 · 장비(칼, 가스레인지 등) 사용 시 감독위원 및 타 수험자의 시험 진행에 위협이 될 것으로 감독위원 전원이 합의하여 판단한 경우 : 실격
8) 항목별 배점은 위생상태 및 안전관리 5점, 조리기술 30점, 작품의 평가 15점이다.

학습평가

학습내용	평가항목	성취수준		
		상	중	하
장국죽 재료 준비 및 전처리	장국죽의 재료를 계량할 수 있다.			
	재료를 각각 씻고, 불리기를 할 수 있다.			
	부재료는 조리방법에 맞게 손질할 수 있다.			
	조리방법에 따라 쌀 등 재료를 갈거나 분쇄할 수 있다.			
	돌솥, 압력솥, 냄비 등 사용할 도구를 선택하고 준비할 수 있다.			
장국죽 조리	장국죽의 조리시간과 방법을 조절할 수 있다.			
	조리도구, 조리법과 쌀, 잡곡의 재료의 특성에 따라 물의 양을 조절할 수 있다.			
	조리도구와 조리법에 맞도록 화력 조절, 가열시간을 조절할 수 있다.			
장국죽 담아 완성	장국죽의 그릇을 선택할 수 있다.			
	장국죽을 따뜻하게 담아낼 수 있다.			
	부재료를 얹거나 고명을 올려낼 수 있다.			

학습자 완성품 사진

일일 개인위생 점검표(입실준비)

점검일 :　　년　　월　　일　　　　이름:				
점검 항목	착용 및 실시 여부	점검결과		
		양호	보통	미흡
조리모				
두발의 형태에 따른 손질(머리망 등)				
조리복 상의				
조리복 바지				
앞치마				
스카프				
안전화				
손톱의 길이 및 매니큐어 여부				
반지, 시계, 팔찌 등				
짙은 화장				
향수				
손 씻기				
상처유무 및 적절한 조치				
흰색 행주 지참				
사이드 타월				
개인용 조리도구				

일일 위생 점검표(퇴실준비)

점검일 :　　년　　월　　일　　　　이름				
점검 항목	실시 여부	점검결과		
		양호	보통	미흡
그릇, 기물 세척 및 정리정돈				
기계, 도구, 장비 세척 및 정리정돈				
작업대 청소 및 물기 제거				
가스레인지 또는 인덕션 청소				
양념통 정리				
남은 재료 정리정돈				
음식 쓰레기 처리				
개수대 청소				
수도 주변 및 세제 관리				
바닥 청소				
청소도구 정리정돈				
전기 및 Gas 체크				

memo

■ 저자 소개

한혜영

안동과학대학교 호텔조리과 교수
Lotte Hotel Seoul Chef
Intercontinental Seoul Coex Chef
숙명여대 한국음식연구원 메뉴개발팀장

김경은

숙명여자대학교 한국음식연구원 연구원
세종음식문화연구원 대표
안동과학대 호텔조리과 겸임교수
세종대 조리외식경영학과 박사과정

김옥란

한국관광대학교 외식경영학과 교수
한국조리학회 이사
한국외식경영학회 이사
경기대학교 대학원 외식조리관리학박사

박영미

한양여자대학교 외식산업과 교수
무형문화재 조선왕조궁중음식 이수자
조리외식경영학박사

송경숙

원광보건대학교 외식조리과 교수
글로벌식음료문화연구소장
한국외식경영학회 상임이사
경기대학교 대학원 외식조리관리학박사

신은채

동원과학기술대학교 호텔외식조리과 교수
한식기능사 조리산업기사 감독위원
세종대 식품영양학과 졸업
동아대 식품영양학과 이학박사

양동휘

김해대학교 호텔외식조리과 교수
경기대학교 일반대학원 박사과정
한국조리기능인협회 상임이사
한국조리학회 학술이사

이보순

우석대학교 외식산업조리학과 교수
한국조리학회 부회장
리츠칼튼호텔조리장 근무
국가공인 조리기능장

정외숙

수성대학교 호텔조리과 교수
한국의맛연구회 부회장
한식기능사 조리산업기사 감독위원
이학박사

정주희

수원여자대학교 식품조리과 겸임교수
Best 외식창업교육연구소 소장
경기대학교 대학원 석사
경기대학교 대학원 박사

한식조리 – 밥·죽

2016년 3월 5일 초판 1쇄 인쇄
2016년 3월 10일 초판 1쇄 발행

지은이 한혜영·김경은·김옥란·박영미·송경숙·신은채·양동휘·이보순·정외숙·정주희
푸드스타일리스트 이승진
펴낸이 진욱상·진성원
펴낸곳 백산출판사
교 정 편집부
본문디자인 강정자
표지디자인 오정은

저자와의 합의하에 인지첩부 생략

등 록 1974년 1월 9일 제1-72호
주 소 경기도 파주시 회동길 370(백산빌딩 3층)
전 화 02-914-1621(代)
팩 스 031-955-9911
이메일 editbsp@naver.com
홈페이지 www.ibaeksan.kr

ISBN 979-11-5763-169-8
값 11,000원